랜드마크 ;
도시들 경쟁하다

수직에서 수평으로, 랜드마크의 탄생과 진화

랜드마크;
도시들 경쟁하다

송하엽 지음

효형출판

랜드마크, 한 시대의 X-RAY

랜드마크landmark는 랜드(땅)와 마크(이정표)의 합성어이고 말 그대로 풀이하자면 멀리서도 보이는 땅에 세워진 대상이다. 문명화 이전에는 산과 커다란 나무, 바위 등의 자연물이 원시인의 이정표 역할을 했고, 이들은 종종 그 특별한 형태가 환기하는 이미지에 따라 재미있는 이름을 얻기도 했다. 또한 고대에 랜드마크 역할을 한 자연물은 믿음의 대상으로 추앙받기도 했는데, 산이 대표적이다. 영산(靈山)은 지역과 문화를 떠나 보편적으로 존재했다.

기원전부터 인간은 영산과 비슷한 높은 구조물을 만들기 시작했다. 피라미드, 중국의 탑, 유럽의 성당, 그리고 현대의 마천루 모두 어마어마한 높이로 위용을 뽐낸다. 하늘에 신성한 존재가 있다는 믿음과 남보다 높은 위치에 오르고자 하는 인간의 본성은 랜드마크를 더 높이 솟아오르게 하였다. 이 높이 경쟁은 지금까지도 계속되고 있다.

높이가 주는 위압감은 한 도시에 입성할 때 가장 뚜렷이 느낄 수 있다. 시골에서 갓 상경한 사람이 서울역에서 내려 눈앞에 펼쳐진 높은 빌딩을 보며 뒤로 쓰러질 듯 놀라는 모습, 뉴욕 맨해튼으로 이민선을 타고 들어온 유럽인들이 마천루에 압도되어 "God Bless America!"를 연발하며 아메리칸 드림을 꿈꾸는 모습은 모두 20세기 근대화의 결과를 보여주고 있다.

믿음을 상징했던 고대의 랜드마크와 기술력과 상상력을 나타내는 현대의 랜드마크 모두 한 시대의 열망을 보여주는 엑스레이와 같은 역할을 한다.

01
오스트레일리아의 울루루
높이 348m에 둘레가 9.4km인 거대한 바위. '울루루Uluru'는 원주민의 언어이지만 특별한 뜻은 없고, 그 지역 씨족 족장 가문의 성으로 쓰이고 있다.

02
이집트 기자의 피라미드
사막 한가운데 우뚝 솟은 쿠푸 왕, 카프레 왕, 멘카우레 왕의 피라미드는 여전히 신비로운 영역으로 남아 있다.

01
02

높은 랜드마크들이 지금까지 한 사회를 가시적으로 보여주는 엑스레이 역할을 해왔다면, 이 위상이 과연 21세기에도 통할까? 21세기는 기존의 문명과는 다른 양상을 띤다. 21세기의 코드는 '역습'이다. 21세기에 들어서 지구의 역습, 자본의 역습, 동물의 역습, 식물의 역습, 젊은이의 역습 등 개발의 시대였던 20세기에는 관심 밖이었던 비판적 관점들이 재조명을 받으면서 우리 삶의 목표에도 수정이 불가피해졌다.

그중 가장 큰 변화는 환경에 대한 관심이다. 친환경과 지속 가능성에 대한 관심은 가치 척도까지 바꾸고 있다. 지금까지는 엔진 크기에 따라 자동차 세금을 부과했는데 앞으로는 이산화탄소 배출량에 따라 부담금이 추가된다고 한다. 모든 가치 척도가 환경 중심으로 바뀌고 있는 것이다.

랜드마크 역시 한 시대의 엑스레이로서 진화하고 있다. 기존의 랜드마크가 높이를 통해 20세기의 자본력을 보여주며 기업의 가치와 고층 주거의 매력을 강조하였다면, 이미 고층 건물이 즐비한 현대 도시에서 21세기형 랜드마크는 여백의 공간인 길과 땅에서 시민을 위한 존재로 새롭게 태어나고 있다. 서울의 광화문 광장, 청계 광장, 한강고수부지, 선유도 공원 등에도 건축과 조경이 융합된 환경이 조성되어 많은 사람이 여가를 즐긴다. 해외에서도 설치미술 작업과 건축, 조경이 융합된 환경이 소위 핫스팟으로 부상하고 있다.

또한 최근에는 개발 논리에 밀려 사라진 옛 정취를 복원하는 등 감성적인 부분까지 세심하게 배려하며 도시를 가꾸는 추세다. 근대화 과정에서 만들어진 많은 공장과 시설을 재활용하여 새로운 공간으로

03 04 05

03
청계 광장
2005년 개장 이후 연인원 1억 3천만 명이 다녀간 서울의 대표 휴식 공간이 되었다.

04
퐁피두센터
도서관, 미술관 등이 들어선 파리의 복합 문화 공간이다. 퐁피두 광장에서는 거리 예술가들의 공연이 펼쳐진다.

05
뉴욕 LOVE 조형물
뉴욕 맨해튼 거리를 화사하게 만들어주는 LOVE 조형물은 작지만 핫한 뉴욕의 상징물이다.

탈바꿈하기도 한다. 오래된 것들의 역습이라고 할까? 이런 태도는 친환경성과도 무관하지 않다.

21세기형 랜드마크는 더 많은 이용자가 공감할 수 있는 공간을 창출하는 데 주력하고 있다. 높아지기보다는 땅과 길에서 낮고 길어지면서 많은 사람이 사회적인 메시지를 주고받을 수 있는 환경을 제공하려는 것이다. 이렇게 사람이 만든 영산은 점점 공유의 장으로 바뀌어가고 있다.

동대문디자인공원이 가져올 'DDP 효과'

이 같은 추세에서 서울의 새로운 랜드마크를 꿈꾸는 동대문디자인공원Dongdaemun Design Park, DDP이 개장을 앞두고 있다. 세계 유수의 건축가들을 지명하여 설계공모전을 실시한 결과, 자하 하디드Zaha Hadid의 '환유의 풍경Metonomic Landscape'이 당선작으로 선정되어 설계를 진행하였다. 그러나 하디드는 2013년 하버드 대학의 강연에서 2004년부터 해온 설계 작업을 보여줄 때 동대문디자인공원을 넣지 않았다. 왜일까?

건축가 스스로 덜 성공적이라 느껴서였을까?

그 이유는 하버드대학 디자인대학원 학장인 모센 모스타파비 Mohsen Mostafavi와의 대담에서 추측할 수 있다. 모스타파비는 하디드의 건물은 도시에서 하나의 독립된 오브젝트처럼 존재하지 않느냐고 반문했고, 하디드는 공공영역은 건물의 내부에도 만들 수 있다고 응수했다. 모스타파비의 지적처럼 하디드는 자기 건물의 독립적인 완결성을 추구하기 때문에 다양한 시간적·공간적 요소를 가진 DDP가 자신의 다른 건물들에 비해 완결성이 떨어진다고 판단해 하버드 강연에서 보여주지 않았던 것이다.

우리 입장에선 하디드가 하버드 강연에서 DDP를 포함하지 않게 된 것이 다행이다. 공사 과정에서 예기치 못했던 서울성곽이 기초를 드러냈고 성곽 주변에서 알려지지 않았던 조선시대의 유적들이 발견되었다. 유물도 2,500점 이상 발견되어 DDP 안에는 유물전시관도 마련되었다. DDP는 역사 유적들과 공원 등으로 하디드가 꿈꾸었던 완결된 모습을 이루지 못했고, 파편화된 모습으로 완공되었다. 하디드가 의도했건 안 했건 유적들로 인해 그녀가 초기에 추구했던 파편적 도시 현상을 표현한 건물이 탄생한 것이다.

앞으로 이곳에서는 우리 디자인을 공유하는 것은 물론 세계적 경쟁력을 갖추기 위한 다양한 노력이 이루어진다고 한다. 하지만 복잡다단한 두타빌딩 쪽의 패션 산업에 대비하여 문화도시 서울의 디자인 미래를 표방할 DDP는 외계에서 온 듯한 광고판 없는 프로파일을 가지고 있다. 두타빌딩 쪽에서 보면 속에서 무슨 일이 일어나는지 안 보인다. 유리의 투명성이 주는 민주적 코드를 저버린 탓이다. 담 너머로 서로 인정을 주고받는 우리네 문화와 다르다. 하디드의 잘못보다는 건축심의나 건축주의 요구를 통해 설계를 개선하지 못한 것이 문제이다. 한국의 디자인 문화를 담는 그릇에 형태를 넘어서는 문화적 교류 방식을 담지 못한 것이다. 파라오의 무덤 피라미드 같은 불투명한 랜드마크가 될 수도 있다.

유리 피라미드
루브르 박물관 입구에 세워진 유리 피라미드는 전통을 파괴한다는 비판을 받았지만 지금은 전통과 현대가 조화를 이룬 건축물로 평가받는다.

　DDP가 우리 삶 속의 랜드마크로 자리 잡기 위해서는 낯선 형태가 주는 이질감과 활용도 등 매스컴이 'DDP 걱정'이라 말하는 많은 숙제를 풀어야 한다. 운영 기관인 서울디자인재단이 운용의 묘를 발휘하여 수익도 창출하고 디자인 문화의 격도 유지해야 하는 기로에 서 있다. 이오 밍 페이Ieoh Ming Pei가 설계한 루브르 박물관의 유리 피라미드 역시 갖은 비판에 시달렸지만 박물관 입구로서의 기능과 지하의 천창으로서의 역할을 톡톡히 하며 새로운 명소로 자리 잡았다. 이처럼 랜드마크의 역사에서 시대와의 불화를 겪고 당당히 살아남은 사례는 한둘이 아니다. 우리는 지금 디자인과 문화라는 새 술을 빚기 위해 일단 낯설지만 새로운 부대를 손에 쥐었다. 그곳은 다양한 디자인 문화를 이끄는 장이 되어야 한다.

　동대문, 재래시장 건물, 90년대 후반에 새로 지어진 건물 들과 전혀 다른 모양의 DDP는 비아냥받기보다는 파편적인 공원과 건물이 잘 활용되어 '살아 있네!'라는 말을 들어야 한다. DDP의 공원과 내부 모두 불확정성을 지향하기에 어려운 과제일 수 있으나 불확정성은 만들어나가야 하는 장소적 의무감을 부여한다. 마치 의미 있는 현상은 미리 약속되어 만들어지지 않는 것처럼, 도시의 프로필이 다양한 랜드마크 프로파일에 의해 하루하루 다르게 그려지는 것처럼 비대칭적

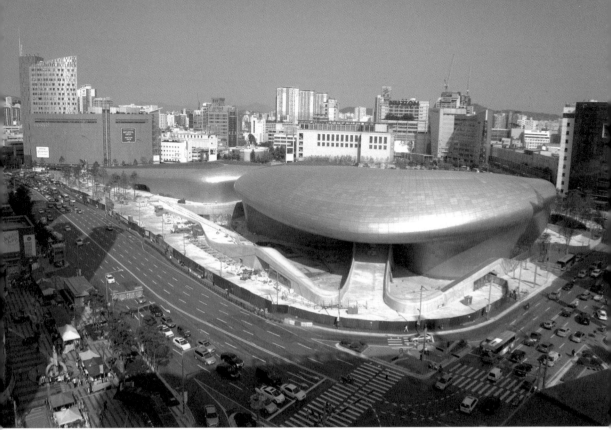

DDP
국내 전문가들은 서울에 온 UFO, 불시착한 우주선 등으로 표현하며 DDP의 디자인을 비판한다. 동대문 운동장을 부수고 새로 지은 점과 정확한 사용 계획 없이 만들었다는 것, 그리고 공사비로 수천 억의 세금을 사용했다는 점도 문제로 지적되고 있다.

인 모습이지만 불확정적인 미래가 그 장소에 새로운 기대를 품게 한다. 우리가 가진 DDP라는 낯선 그릇은 무엇을 어떻게 담느냐에 따라 다른 미래를 그릴 것이다. 과거 에펠탑이 수많은 비판과 걱정 속에 세계적인 성공을 거두어 '에펠탑 효과'라는 말을 만들어냈듯이 우리는 'DDP 걱정'을 'DDP 효과'로 만들어야 한다. 그리고 그 과정에 세계적인 랜드마크들이 그동안 써내려온 분투기가 좋은 참고가 될 것이다.

이 책에서는 근대 이후부터 오늘날까지 랜드마크의 대상과 의미가 어떻게 변해왔는지를 살펴보고, 앞으로 우리가 만들어가야 할 랜드마크의 성격과 이들이 주변과 어우러져 형성할 도시 프로파일의 바람직한 미래에 대해서도 고민해보고자 한다.

이를 위해 하나의 건축이 도시를 상징하고 도시의 경쟁력을 만드는 랜드마크로 살아남는 과정과 그 결과를 확인할 것이다. 고층 건물의 위압적인 풍경이 서서히 사라지고, '영산'과 '공유의 장'이 동시에 돋보이는 도시환경이 만들어졌을 때, 랜드마크 프로파일의 신비한 힘이 우리 삶에 무언가 '의미 충만한 현상 saturated phenomena'을 발현시키는 잠재적 차원을 기대해본다.

랜드마크에 대한 21세기의 담론을 위하여 중앙대학교 건축학과 학생들의 도움으로 이야기에 살을 붙여갔다. 수업을 수강한 학생들 그리고 대안건축연구실을 거친 나의 브레인과 같은 대학원생들이다. 우리의 의사소통 주제는 바로 우리나라 건조 환경의 미래에 관한 것이다. 케케묵은 이야기를 재발견했을 때의 흐뭇한 미소, 현재와 미래의 의미를 논하며 주고받은 지적인 눈인사는 이 책의 다양한 이야기들이 적확한 힌트를 담고 있음을 서로 알고 있다는 친밀감을 형성했다.

서울은 지금 기존 건물의 재생과 창조의 도가니이다. 2017년 서울에서 있을 UIA 세계건축대회에 맞추어 서소문 역사유적지 사업, 마포 석유비축기지 공원화 사업, 서울역 고가도로 공원화 사업 등 굵직한 재생 사업들이 계획 중이다. 노들섬도 공원화 준비가 진행되고 있으며 점차 다양한 공공 공간이 생겨날 것이다. 재생은 땅 위와 땅 아래로, 또한 산으로까지 다양한 양태로 전개될 것이다.

이러한 재생이 미학적으로는 모두를 만족시키지 못할지도 모르겠다. 이는 다양한 삶과 각기 다른 이익이 충돌하는 서울의 역동성 때문이다. 건조 환경으로부터 느낄 수 있는 공간, 시간, 가치의 개념을 세계감, 역사감, 사회감, 생태감이라고 한다. 서울의 재생 사업이 사람들에게 이러한 감각과 가치를 일깨워줄 수 있었으면 한다.

랜드마크, 도시의 프로필을 그리다

랜드마크가 모여 만든 스카이라인skyline은 도시의 프로필profile을 쓴다. 스카이라인을 형성하는 랜드마크 건물은 가까이에서는 오히려 그 모습을 정확히 알 수 없으나, 멀리서 보면 크기와 위용이 또렷이 보인다. 도시의 스카이라인은 그것을 형성하고 있는 각기 다른 건물의 독특함에도 불구하고 한 도시의 프로필을 만든다.

프로필은 미술에서 사람의 머리나 얼굴을 측면에서 보고 그린 것을 가리키는데, 서양인은 해부학적으로 측면 얼굴이 인상적인 이미지를 남기기 때문에 사람의 측면만을 그리는 프로필이라는 장르가 생겨났다. 프로필이라는 말이 오늘날 인물 소개를 뜻하게 된 것도 이 때문이다.

스카이라인은 1896년 뉴욕 맨해튼의 풍경을 지칭하기 위해 만들어진 단어로 도시가 만든 새로운 수평선을 뜻한다. 스카이라인이 똑같은 도시는 없다. 도시의 역사와 공간이 다르기 때문이다. 각 건물은 삼차원 공간의 입체이지만 멀리서 바라보면 윤곽선, 즉 프로파일profile로 인지된다.

건축에서 프로파일이란 말은 건물을 평면적으로 보는 방법으로 사람의 비스듬한 옆얼굴을 볼 때처럼 무의식적으로 주변을 인식할 때 느껴지는 윤곽을 의미한다. 실제로 우리는 건물을 정확한 모습보다는 도시를 배경으로 한 특징적인 프로파일로 기억한다.

세심한 독자는 알아챘겠지만, '프로필'에는 인물의 약력이란 의미가 있으므로 이 책에서 도시의 약력, 즉 도시의 모습은 물론 도시가

사람들에게 주는 이미지를 지칭하는 의미로 쓸 것이고, '프로파일'은 건물의 윤곽선을 지칭하는 의미로 쓸 것이다. 같은 단어라도 의미에 따라 나누어 한글로 표기하겠다.

맨해튼과 시드니의 사례를 보면 도시의 프로필을 그리는 데 있어 건물의 덩치보다는 프로파일이 더 결정적인 역할을 한다는 걸 알 수 있다. 맨해튼에는 볼품없이 높은 건물도 있고, 낮아도 매력 있어 랜드마크로 자리매김한 건물도 있다. 예를 들어 1930년대에 지어진 크라이슬러 빌딩이나 엠파이어스테이트 빌딩은 여전히 매력적인 프로파일을 자랑하며 많은 관광객을 불러 모은다.

건물의 높이보다는 수려한 프로파일이 도시의 스카이라인을 결정한다. 시드니에서 이 점은 더욱 더 명확히 드러난다. 시드니의 오페라하우스는 일반 건물 15층 정도인 65미터의 높이로 비교적 높지 않

엠파이어스테이트 빌딩에서 바라본 맨해튼
1930년대 맨해튼의 빌딩 숲에서 크라이슬러 빌딩의 프로파일이 단연 돋보인다.

01

으나 특유의 프로파일로 인해 랜드마크 역할을 톡톡히 하고 있다. 물론 모든 건물이 다 이렇게 특이하다면 정신없는 스카이라인이 만들어질 것이나, 하나쯤이면 충분히 효과적이다.

한 도시의 프로필을 결정지은, 전 세계에서 가장 독특한 랜드마크는 아테네의 파르테논 신전이다. 파르테논 신전은 많은 건축가에게 영감을 준다. 신전 자체가 지닌 건축의 원형적인 모습뿐 아니라 거대한 돌산 위의 다른 신전과 어우러진 비대칭적 프로파일 때문이다. 20세기의 대표적 건축가 르코르뷔지에(Le Corbusier, 1887~1965)는 이 모습을 픽처레스크Picturesque라 부르며, 건축적 영감을 얻기 위해 먼발치에서 스케치도 하고 사진으로도 기록하였다. 무엇을 기록하였을까? 땅에서 솟아나온 듯한 건축 본연의 모습 같은 것이다. 서양 건축의 본보기가 되는 군더더기 없는 신전의 모습과 나무도 없는 척박한 바위

02

산의 힘을 그린 것이다. 파르테논 신전은 땅과 어우러져 하나의 프로 파일을 이루고, 건축과 자연이 아테네의 프로필을 그린다.

그러나 도심에 있는 랜드마크는 파르테논 신전과 달리 넓고 높은 기단부(基壇部)를 가지고 있지 않아, 파르테논 신전 같은 강한 프로 파일을 그리기 어렵다. 랜드마크 건물은 종종 주변의 다른 건물에 가려 온전하게 보이지 않는다. 오히려 랜드마크 프로파일은 도시에서 한 발짝 떨어져 적당한 거리를 확보한 뒤 보아야 정확히 알 수 있다. 따라서 랜드마크 건물 상부는 멀리서도 잘 인지할 수 있는 프로파일을 가질 필요가 있다.

그렇다면 건축가는 건물의 프로파일을 독특하게 만들어야만 할까? 모든 건물이 독특하다면 우리는 마치 디즈니랜드에 와 있는 것처럼 현실과 허구를 구분할 수 없을 것이다. 프로파일은 도시 삶의 현실

01
파르테논 신전
아테네의 랜드마크인 파르테논 신전은 그 자체의 모습보다 비대칭적인 배치가 묘미이다.

02
르코르뷔지에의 스케치
르코르뷔지에는 파르테논 신전을 보고 건축적 영감을 얻었다.

03

적 모습을 강렬하게 보여줄 때만이 아름답게 보인다. 르코르뷔지에는 뉴욕에 도착할 때 배 위에서 바라본 맨해튼의 모습에서 근대도시의 힘을 보았다고 했다. 그 모습은 그가 파르테논 신전을 바라볼 때와 같은 경외심을 불러일으켰다. 새벽 안개가 걷히면서 현실을 아주 명확하게 드러내는 비대칭적인 맨해튼의 스카이라인을 본 것이다.

개개의 건물이 모두 다른데도 맨해튼의 스카이라인에는 모든 개성을 일축하는 힘이 있다. 다른 건물이 새롭게 지어지더라도 맨해튼의 스카이라인은 맨해튼의 프로필을 유지할 것이다. 한 세기에 걸친 다양한 형태와 재료로 빼곡히 솟아오른 마천루들은, 비대칭적인 모습이지만 자연스러우며 각각 지어진 시대의 현실을 반영하는 프로파일

04

을 형성하고 있다.

　　르코르뷔지에에게 맨해튼과 아크로폴리스는 대도시와 신전이라
는 차이에도 불구하고 동일하게 읽혔을 것이다. 맨해튼의 스카이라인
과 같이, 수 세기에 걸쳐 형성된 아크로폴리스의 여러 신전은 그에겐
통합된 그룹으로 보였다. 실제로 아크로폴리스의 각각의 신전은 대칭
적인 모습이지만, 전체가 모인 형국은 자연스러운 비대칭이다. 각각
의 신전은 조금씩 축을 달리하고 있다. 오랜 시간에 걸쳐 만들어진 도
시의 스카이라인 역시 자연스러운 비대칭 형상이다. 시간이 만들어낸
스카이라인은 크기가 전혀 다른 건물들이 들쭉날쭉 모여 있는 비대칭
이상의 자연스러운 조화를 이룬다.

서울 곳곳의 저층 건물과 고층 건물의 극단적 차이, 고층 아파트로 재개발된 지역과 재개발 이전 지역의 대조, 산을 병풍처럼 가릴 만큼 거대하지만 볼품없는 건물들의 시각적 비대칭과는 질적으로 다르다. 물론 애정을 가지고 본다면 이런 현상도 급속한 근대화에 따른 지극히 당연한 현상으로 이해할 수 있으나, 문제는 오래된 것은 낮고 누추하며 새로운 것은 높고 위압적이라는 점이다. 이런 시각적 불일치는 사회적 불균형에 대한 불만으로 이어질 수 있다.

이런 불균형적인 도시에서 어떻게 시대에 걸맞은 랜드마크 프로파일을 만들어내고 공유할 수 있을까? 과연 현대 도시에서 새로운 랜드마크는 더욱 높아져야만 하는 것일까? 높이 경쟁은 아마도 가장 쉬운 방식일지도 모른다. 좌초된 용산개발사업에서 가장 높은 타워를 담당했던 이탈리아 건축가 렌조 피아노(Renzo Piano)는 660미터 높이의 타워를 용산의 랜드마크로 제안했다. 그가 최근에 완공한 런던의 더 샤드The Shard도 310미터에 불과하다. 660미터는 전 세계에서 두바이의 부르즈 할리파Burj Khalifa를 제외하고는 최고의 높이이다. 용산개발사업을 성공시키기 위한 마케팅으로 건물의 높이를 최대한으로 설정했을 것이다. 이처럼 현대 도시의 마천루에서는 마케팅, 수익성, 높이 경쟁 등의 단어밖에 떠오르지 않는다.

세계 금융 산업의 양축인 홍콩과 맨해튼은 마천루에 둘러싸여 네비게이션도 위성 전파를 받지 못해 먹통이 될 정도이다. 두 도시의 건물들은 너무 높아서 이곳에 거주하려면 창문이 영구음영지역에 있어도 크게 불평할 수가 없다. 실제로 두 도시를 걸어보면 가까이 있는 높은 랜드마크의 프로파일은 잘 보이지 않는 대신 저층부의 광경이

돌진하는 소
아르투로 디 모디카(Arturo Di Modica)가 제작·설치한 작품으로 월 스트리트의 번영을 상징한다.

더 흥미로우며 공공장소와 더불어 볼거리를 제공한다. 공공미술도 합세하여 유럽에서 먼저 시작된 카우퍼레이드CowParade와 같은 황소 조각들을 맨해튼 거리 곳곳에 설치하여 각기 다른 모양과 색으로 도시에 활력을 준다. 마치 유라시아 대륙에서 아메리카 대륙으로 소를 좇아 건너 온 아메리칸 인디언의 역사를 재현한 듯하다.

　　사적 소유물인 마천루가 증가하는 현재의 도시 상황에서 공적인 활동은 저층부에서 이루어지고 있으니 랜드마크는 더 이상 높은 건물일 필요가 없다. 그 기능에 따라 아주 작은 장치라도 랜드마크가 될 수 있다. 최근 들어 설치미술이나 대지미술 작품과 임시 구조물 등이 랜드마크로 부상하며 공유의 장을 만드는 촉매제가 되고 있다. 이쯤 되면 어느 도시 고유의 이미지를 형성하는 데 있어 랜드마크 프로파일이 더 이상 중요하지 않다고 볼 수도 있다. 하지만 도시 전체의 인상은 부분으로 대변되지 않는다. 멀리서 보이는 도시의 모습을 위해 프로파일은 여전히 중요하다. 그렇다면 도시의 프로파일을 형성하는 최고층부와 공유의 장인 최저층부는 동시에 랜드마크로 작용하며 도시 프로필의 시작과 끝을 쓴다고 할 수 있다.

공유의 장으로 진화하는 랜드마크

이 책에서는 도시의 스카이라인에 묻히지 않으면서 도시의 독특한 프로필을 형성하는 결정적인 건물부터 아주 작은 도시의 장치이지만 사람들이 즐겨 찾는 공유의 장까지 다양한 랜드마크를 소개한다. 과거에는 영산과 같은 랜드마크의 이미지가 중요했다면 최근 공유의 장으로서의 랜드마크에는 장소와 아주 작은 장치가 만들어내는 잠재성이 중요하다.

건물의 이미지에 대한 판단은 서양 건물의 다양함에서 시작되었다. 서양에서는 건물의 다양한 유형에 따라 서로 다른 이미지가 발달하였기 때문에 사회가 이미지를 민감하게 인식한다. 법원은 위엄을, 교회 십자가는 신앙을 상징하듯 서양의 건물은 다양한 상징적 이미지를 창출하였다. 반면에 장소의 잠재성은 보다 동양적인 개념으로 이미지보다는 드러나지 않는 곳에서 사람의 행위를 이끌어낸다. 비어 있는 마당의 이미지가 잠재성의 대표적인 예이다.

그렇다면 우리나라의 경우는 어떠한가? 단적으로 말해서 근대화 이전 우리나라의 건축은 건축물이 이미지로서 의미를 갖고 소통하는 전통이 없었다고 할 수 있다. 이것은 어디까지나 서양 건축과 비교한 개념이다. 우리의 건축은 목구조와 기와지붕으로 이루어져 구축적 구성에 있어서는 모든 건물이 거의 동일했다. 달라지는 것은 땅과 만나는 방식과 건물 주위의 배경이었다. 어떤 건물은 경사진 땅과 만나고, 또 다른 건물은 물과 바위와 더불어 만나고, 건물끼리 서로 에워싸기도 하며 각각 다른 이미지를 형성하기는 했으나, 이는 배치의 묘미이지 건물의 기능을 표현하는 이미지로 발전하지는 않았다. 사회 제도와 기관이 서양처럼 복잡하지 않아 기능에 따라 이미지를 달리할 필요성이 적었기 때문이다.

목조건물의 전통에서 많은 경우 현판에 의해서 의미가 전달되었다. 20세기에 급격한 근대화를 거치면서 건물의 이미지를 대부분 서양에서 차용하다보니 전통건축과 조화를 이루지 못했다. 또한 전통건축의 현대화는 많은 경우 성공적이지 않았다. 이러지도 저러지도 못하는 사이에 급격한 서구화를 거쳐 1990년대 이후부터 펼쳐진 건축의 개성시대에까지 이르렀다. 그러나 오늘날 전통과 현대가 어우러진 상황도 그다지 나쁘지는 않다. 시간의 흐름과 단절이 느껴지는 맛이 있다고나 할까? 또한 한국적인 이미지를 찾으려는 다양한 노력이 미래를 만들어가는 과정으로 읽히며 도시에 재미를 더하고 있다. 이미지와 잠재성은 서로 상대적으로 변해가며 도시를 만들고 있다. 예전에는 잠재적이었던 목조건물의 일관성이 지금은 이미지로 변하여 현대적인 작업과 대조를 이루며 시간의 흔적을 기록하고 있다.

건축과 예술 그리고 상업과 공공의 영역이 파괴되는 그야말로 신자유주의 시대에 랜드마크는 다양한 형태로 진화하고 있다. 불과 몇 년 전까지도 건물은 최대한 높아야 이목을 끌었지만, 인터넷으로 많은 정보에 손쉽게 접근하는 지금의 세대는 높은 건물에도 무관심한 경우가 많다. 경외감이나 기술력에 대한 자부심은 이미 오래전 얘기이다. 건축을 통한 대중과의 소통은 쉽지 않은 일이다. 건축인들도 다양하게 지어지는 건물 모습에 무감각해지고 있을 정도이다. 그 대신에 사람들은 손쉽게 접근할 수 있는 인터넷과 만남의 장에서 더 큰 사회적 만족을 느끼고 있다. 이는 상징과 개발의 코드보다는 공유의 코드가 더 우세한 사회 분위기를 반영한다.

의도치 않았던 순간이 새로운 공유의 장을 형성하는 것처럼, 어쩌면 이전에도 꼭 영속적인 랜드마크를 만들고자 목표한 것은 아니었을 것이다. 실제로 일시적인 행사를 위해 만든 구조물이 지속되어 랜드마크가 되기도 하고, 종교 건물이 관광의 대상이 되는 등 원래의 의미와는 달리 기억되고 생명이 지속되어 랜드마크가 된 건축물이 많다.

이렇게 보면 랜드마크는 의미가 고정된 건축물이라기보다는 사람들로 하여금 지속적으로 기대하게 만드는 건축물이다. 그곳에 가면 강한 존재감이 주는 아우라가 있으며 무언가 '의미 충만한 현상'이 만들어져 보는 사람이 행복을 느끼게 한다. '영산'으로부터 '공유의 장'으로 개념이 변해왔던 랜드마크가 21세기에는 어떤 방향으로 지속될지 궁금하다. 이런 모든 변화는 도시에 고스란히 기록될 것이다. 한 도시의 프로필은 랜드마크와 익명의 건물들이 모여 만든 무대에서 사람들의 역동적인 삶으로 그려지는 것이다.

국가의
상징이
되다

STATUE OF LIBERTY

자유의 여신상,
세계 7대 불가사의의 부활

자유의 여신상 프로파일

자유의 여신상은 자꾸 보게 하는 매력이 있다. 좌우가 대칭을 이루고 있지 않아 볼 때마다 다른 모습을 보여줄 뿐 아니라, 한 방향을 줄곧 응시하는 모습이 시선을 잡아끈다. 뉴욕 항의 작은 섬에 우뚝 선 자유의 여신상은 마치 전위병처럼 맨해튼을 보호하고 있는 듯하다.

　　자유의 여신상은 유럽에서 뉴욕 항으로 들어오는 배를 맞으며 이민자와 방문자에게 강한 미국의 이미지를 선사한다. 아메리칸 드림을 꿈꾸며 6개월간의 항해를 견딘 유럽 이민자들은 고된 항해의 끝을 알려주는 자유의 여신상을 바라보며 안도의 숨을 내뱉었을 것이다. 그들에게 자유의 여신상은 새로운 삶에 대한 기대 속에 순조로운 출발을 염원하는 곳이었다.

　　자유의 여신상은 프랑스 기술로 만들어졌지만 미국의 독립을 기념하며 미국을 상징하는 랜드마크가 되었다. 자유의 여신상이 사랑받는 이유는 절묘한 위치에서 거대한 조각물이 만들어낸 의미와 프로파일의 독특함 때문이다. 조각가 바르톨디(Frédéric Auguste Bartholdi, 1834~1904)의 손끝에서 만들어진 자유의 여신상은 전적으로 새로운 창작물은 아니었다. 바르톨디는 세계 7대 불가사의로 손꼽히는 로도스 항구의 거인상Colossus of Rhodes과 파로스 섬의 등대Lighthouse of Alexandria 이미지를 결합하여 여신상 형태를 만들고, 여기에 프랑스의 전통인 자유의 여신 이미지를 새겨넣었다.

　　이러한 이유로 자유의 여신상은 참신함과 더불어 역사성마저 띤다. 뉴욕의 프로필은 자유의 여신상에서 시작된다.

꿈의 아이콘

아메리칸 드림을 안고 뉴욕 항으로 들어왔던 이민자들은 자유의 여신상의 환영을 받으며 미국에 입성했다. 장밋빛 미래를 꿈꾸며 고향을 떠나서 험한 뱃길을 따라 고된 여정을 지나온 그들에게 자유의 여신상은 그 자체로 미국이었고, 자유였으며, 밝은 미래를 상징하는 아이콘이었다.

지금은 공항을 통해 뉴욕에 들어오기 때문에 여신상을 보기 위해 일부러 페리호를 타고 가지만, 그렇다고 여신상의 상징성이 예전만 못한 것은 아니다. 미국의 으뜸가는 상징으로 자유의 여신상을 꼽는 현실은 많은 영화 속 장면에서도 확인된다. 자유의 여신상이 미국을, 더 나아가서는 자유의 기치를 강력하게 상징하는 탓에 영화 속 그녀는 부서지고 불타고, 심지어 목이 떨어지는 등 온갖 수모를 당하며 영화감독들이 의도한 충격을 전달한다.

자유의 여신상의 예전 공식 명칭은 '세계를 밝히는 자유Liberty Enlightening the World'였다. 자유의 여신상은 미국의 독립을 기념하는 한편, 누구든지 결국 승리하리라는 강한 자유의 의미를 전파하며 횃불을 높게 치켜들고 있다. 받침대에는 에마 라자루스(Emma Lazarus, 1849~1887)[1]의 시가 새겨져 있다.

> 지치고 가난한 자는 모두 나에게 오라. 그렇게 갈망하던 자유를 호흡하라.
> 집 없는 자, 세파에 시달린 자, 이 생동하는 해변으로 오라.
> 황금의 문 앞에서 횃불을 들리니.
>
> 〈새로운 거대 조각상The New Colossus〉(1883)

——— 1

초기 유대인 이민자의 후손으로 1849년 뉴욕에서 태어났다. 1887년 생을 마감할 때까지 많은 시와 유대인의 역사와 문화에 대한 글을 남겼다. 1883년에 쓴 시 〈새로운 거대 조각상〉은 20년이 지난 1903년 자유의 여신상 받침대에 새겨지면서 널리 알려졌다.

국가의 상징이 되다

공식적으로 자유의 여신상 제막식이 열린 1886년 10월 28일, 비로소 개념 잡기부터 완성까지 21년간의 긴 여정이 끝났다. 조각가의 1.2미터짜리 테라코타terra-cotta 모델이 최종 94미터 높이의 거대 조각상으로 세상에 태어났다. 이 엄청난 스케일의 작품을 지탱하기 위해 에펠탑을 설계한 에펠(Alexandre Gustave Eiffel, 1832~1923)이 특별히 트러스truss 타워를 디자인했다.

완성된 자유의 여신상은 자유와 희망의 가치를 품고 세계 7대 불가사의의 신비한 모습을 재현하는 놀랄 만한 과학 기술의 성과를 보

자유의 여신상과 트러스 타워, 파리
엄청난 스케일을 자랑하는 자유의 여신상은 놀랄 만한 과학 기술의 성과가 있었기에 가능했다.

에두아르 르네 르페브르 드
라불레(1811~1883)

여주었다. 그리고 현대의 기적으로 여겨지며 스스로 꿈의 아이콘이 되었다.

자유의 여신상의 탄생

자유의 여신상이 처음 언급된 것은 1865년 어느 여름날 저녁, 저명한 프랑스 정치가와 저널리스트 들이 모여 당시의 외교 문제를 논의하던 자리에서였다. 프랑스의 법학자이자 정치학자 라불레(Édouard René Lefèbvre de Laboulaye, 1811~1883)는 미국이 건국 이래로 모범적인 국가상을 보여줬으며, 미국 정부가 하는 일은 곧 "전 세계 모든 곳에서 자유의 신전을 세우기 위한 토대를 다지는 것"이라고 주장했다. 그는 미국이 독립 후에 민주공화제를 실시하고 노예제를 폐지하는 등 자유를 앞장서 실천해온 모습에 반한 열정적인 팬이었다. 라불레는 그런 미국의 독립 100주년을 기념하는 의미에서 우정의 선물을 하자고 제안하며 자유의 여신상의 산파로 나섰다.

이렇게 감상적인 논의가 시발점이 되어 엄청난 시간과 노력 그리고 자금을 쏟아부은 대가 없는 선물이 탄생했다. 자유의 여신상은 완성까지 무려 21년이 걸렸고, 그동안 수차례의 기금 모금을 통해 50만 달러 이상의 자금이 투입되었으며, 3명의 핵심 디자이너뿐만 아니라 셀 수 없이 많은 일꾼의 땀과 노력으로 완성되었다. 단순히 우정의 선물이라고 말하기에는 너무 엄청난 일이었다. 양국의 우호 관계를 위한 선물이라는 낭만적인 알레고리를 한 겹 걷어내면, 당시 국제 정세와 연관된 숨은 이유들과 만날 수 있다.

1773년 보스턴 차(茶) 사건[2]을 시작으로 1776년 7월 4일 독립을 선언한 미국은 프랑스를 포함한 외국의 도움을 받아 영국과 독립전쟁을 치르고, 결국 1783년 파리조약Treaties of Paris을 통해 정식으로 독립을 승인받기에 이른다. 프랑스는 부르봉 왕가의 통치 아래 영국과 중상주의적 식민지 쟁탈 경쟁을 펼치고 있었는데, 미국을 대표하는 외교관 벤저민 프랭클린(Benjamin Franklin, 1706~1790)의 지원 요청은 프랑스에게 영국을 무력으로 견제할 좋은 명분을 제공하였다. 프랑스는 영국의 식민지인 미국의 독립을 적극적으로 도왔다. 독립전쟁에서 부르봉 왕가, 즉 프랑스 왕가의 백합 문장이 새겨진 무기가 큰 의미를 더했다. 프랑스 군대의 백합 문장을 따라 미국 독립군도 백합 문장을 새겨 의복을 장식했으며, 영국군에게 이 백합 문장은 위협이 되었다 한다. 이처럼 프랑스와 미국 간 우정의 시작은 미국 건국 이전까지 거슬러 올라간다.

게다가 1863년 11월 19일, 약 3분의 게티즈버그 연설Gettysburg Address[3]에서 에이브러햄 링컨(Abraham Lincoln, 1809~1865) 대통령은 북부와 남부 분열의 배경이 된 윤리적 쟁점, 즉 흑인 노예의 해방을 공식화하였고, 이러한 평등과 자유의 정신은 유럽인, 특히 프랑스 국민의 지지를 모으기에 충분했다. 당시 프랑스는 왕정 회귀로 인해 개인의 자유에 기초를 둔 대의정치로의 변화를 열망했고, 프랑스 국민은 미국을 통해 대리만족을 얻었다고 볼 수 있다.

링컨 대통령이 암살되었다는 소식을 전해 듣고 약 1,500명의 프랑스 국민이 생미셸 다리Pont St. Michael에 모여 애도의 메시지를 전하였으며, 링컨의 부인 메리 토드 링컨(Mary Todd Lincoln, 1818~1882)에게 줄 기념 메달을 만들기 위해 4만 명이 넘는 프랑스 시민이 기부했다는

**프레데릭 오커스트 바르톨디
(1834~1904)**

──── 4

바르톨디는 19세기를 대표하
는 구상 조각가로 손꼽히며 자
유의 여신상 외에 '벨포르의
사자', '라파예트 조각상' 등 다
양한 작품을 남겼다. 그가 태
어난 프랑스 콜마르에 위치한
바르톨디 박물관에는 조각, 그
림, 판화 등이 전시되어 있다.

**바르톨디가 조각한
라파예트와 벨포르의 사자**

사실은 사소한 집회조차 금지했던 당시 프랑스 사회를 고려하면, 프
랑스 국민 여론이 미국이라는 신생국에 얼마나 큰 기대를 걸고 있었
는지 잘 보여준다.

세계 7대 불가사의의 모티브

1865년 라불레가 미국의 독립 100주년 기념비를 만들어 선물하자고
제안했을 때, 조각가 바르톨디[4]는 모임에 참석한 손님 중 한 명이었
다. 바르톨디는 이때 이미 조각가로 명성을 얻고 있었다. 이 프로젝트
를 위해 오랜 기간 헌신한다는 것은 바르톨디에게 결코 쉬운 결정이
아니었다. 작업을 진행하면서, 그는 라불레가 꿈꾸는 자유의 여신상
은 전형적인 예술작품 의뢰와는 상당히 다르다는 것을 알게 되었다.
그래서 바르톨디는 막대한 비용은 물론, 20년에 걸친 작업 기간과 모
든 참여자의 지속적인 헌신을 요구 조건으로 내걸었다.

아이디어 구상부터 1886년 제막식까지 바르톨디는 미국을 여러
번 방문했고, 끊임없이 아이디어를 발전시켰다. 그는 당시에 유행하
던 상징 표현과 전통적인 표현 방식 사이에서 적절히 균형을 잡으며
더 깊은 의미를 담아내기 위해 고심했다.

바르톨디는 자유를 표현하기 위해 왜 하필 여신의 이미지를 가
져왔을까? 널리 알려져 있듯 서구 문명의 커다란 두 축은 기독교와 그
리스·로마 신화이다. 특히 그리스·로마 신화에 대한 서구인의 애착
과 모든 이성적인 산물의 뿌리를 그리스·로마 신화에서 찾으려는 문
화는 르네상스Renaissance 때부터 형성되었다. 18세기 유럽에서는 귀족

계층이 자녀를 데리고 그리스와 로마 등의 지역을 여행하며 그리스·로마 문화의 우수성을 가르치는 그랜드 투어Grand Tour가 크게 유행하기도 했다.

자유의 여신상 얼굴 부분

미국의 설립자와 그 지지자 역시 예외가 아니었다. 그들은 근대 유럽 철학, 고대 그리스의 민주주의와 로마의 공화정 원칙에 입각한 정부를 구상하였다. 다시 말해서, 개인의 자유와 권리를 옹호하는 새로운 정치 체제를 구성하면서, 그 역사적 정당성과 철학적 근원을 그리스·로마에서 찾았던 것이다. 바르톨디는 바로 이 점을 포착하고 정치적 원류를 강조하려 했는지 모른다.

자유의 여신상은 고대 그리스 여신을 떠올리게 한다. 그리스 신화에 등장하는 승리의 여신 니케Nice의 이미지를 고려했을지도 모른다. 바르톨디는 여신상의 얼굴은 자신의 어머니를, 여신상의 신체는 부인을 모델로 하여 여신의 모습을 만들었다. 바르톨디는 여신의 이미지로 미국이 세계에 드높인 자유의 정신이 바로 고대 그리스와 로마에서부터 이어져온 것이며, 미국이 바로 그 역사적 정통성을 이어받은 나라임을 상징하려 했다.

그렇다면 자유의 여신상은 왜 그렇게 거대해졌을까? 기원전 3세기 비잔틴 제국의 철학자는 "모든 사람은 세계 7대 불가사의에 대해 들어봤을 것이다"라고 장담했다. 수 세기가 지나면서 7대 불가사의의 목록은 조금씩 달라졌고, 오늘날 우리에게 세계 7대 불가사의라고 전해지는 것은 르네상스 시기에 정해진 목록이다.

가장 오래된 불가사의는 기자Giza의 피라미드이다. 기원전 2560년경에 지어졌으며 높이가 약 146.6미터에 달해 이후 4000년간 지구상에서 가장 높은 구조물로 이름을 떨쳤다. 두 번째 불가사의는 메

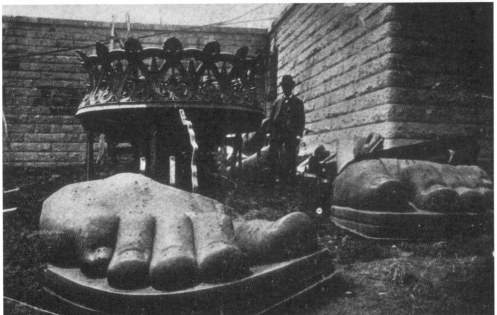

자유의 여신상 제작 과정
동(銅)으로 만든 자유의 여신상
은 무게가 225톤이다. 집게손
가락 하나가 2.44m라고 하니
그 어마어마한 크기를 짐작할
수 있다.

소포타미아 지방(오늘날의 이라크)에 있던 바빌론의 공중정원The Hanging Garden of Babylon이다. 그곳에는 공중정원에 물을 공급하기 위한 정교한 운하 시스템과 송수로가 있었다고 한다. 그다음은 그리스 남쪽에서 발견된 올림피아 제우스 신전The Temple of Olympian Zeus인데, 이곳은 전 세계의 그리스·로마 문화 추종자들을 불러 모았다. 그 외에 소아시아 서부에 있던 아르테미스 신전Artemision과 역시 소아시아에 있던 할리카르나소스Halikarnassos의 마우솔레움Mausoleum이 세계적 불가사의로 손꼽힌다.

우리가 주목할 마지막 두 가지 불가사의는 로도스 항구의 거인상과 알렉산드리아 파로스 섬의 등대이다. 특히 기원전 280년에 완성된 거대한 청동 조각상인 로도스 항구의 거인상은 그 크기로 바르톨디의 상상력을 자극했다. 이 거인상은 기원전 3세기 마케도니아와의 전쟁에서 모진 포위 공격을 견딜 수 있게 한 도시의 수호신 헬리오스를 기리기 위해 로도스 사람들이 만들었다. 기원전 224년 지진으로 파괴되어 33미터에 달하는 거대 청동상에 관한 기록은 더 이상 남아 있지 않았지만, 상상력이 풍부한 예술가들은 그 조각상에 대한 관심을 작품으로 표현해왔다. 예술가들은 청동 거상이 헬리오스처럼 로도스의 해안선을 보호하기 위해 세워졌다고 상상했다. 그리고 그 조각상은 굉장히 거대해서 배들이 조각상의 다리 사이를 쉽게 통과할 수 있었으리라 생각했다.

바르톨디는 자유를 얻기 위한 투쟁을 숭배하는 로도스 항구의 청동 거상의 자세가 자유의 여신상의 개념과 일치한다고 생각했다. 그래서 19세기 유럽에서는 실물 크기의 영웅적인 조각상이 더 일반적이었지만, 한 개인이 아니라 국가의 힘과 가치를 묘사하는 자유의 여신상은 잊혀진 로도스 항구의 거인상의 크기를 따랐다.

01

02

01
로도스 항구의 거인상
로도스의 거인상은 도시를 보
호하는 헬리오스 신을 상징했
다. 바르톨디는 자유의 여신상
의 모티브를 로도스 항구의 청
동 거상의 모습에서 가져왔다.

02
파로스 섬의 등대
등대 높이가 130m를 넘고 등
대의 불빛은 수십 km까지 뻗
어 바다를 비추었다고 한다.

　한편 자유의 여신상의 기단부는 파로스 섬의 등대 기단부와 유사하다. 파로스 섬의 등대는 높이를 확보하기 위해 네모난 기단부 위에 세워져 있었는데, 자유의 여신상도 섬에 기단부를 설치하고 그 위에 등대 같은 횃불을 들고 서 있다. 자유의 여신상이 올라선 기단부는 미국 건축가 리처드 헌트(Richard Hunt)가 설계하였다. 이처럼 바르톨디는 세계 7대 불가사의 중 두 개를 참조하여 여신상에 역사적 깊이를 더했으며, 형태에 있어서도 거인과 여신을 참조하여 다중적인 의미를 담아냈다.

03

04

바르톨디는 1876년 뉴잉글랜드협회New England Society와 여신상의 의미에 대해 논의하면서, 초기 유럽 이민자들이 종교적 박해를 피해 망명한 사실을 언급하며 자유를 향한 갈구가 미국의 전통이라고 단언했다. 바르톨디는 자유의 여신상이 이러한 전통에 부합하며 새로운 세계의 우수한 특징을 드러낸다고 믿었다. 실제로 자유의 여신상은 그러했다. 항구에서 지친 이민자에게 환영의 의미와 새 시작의 희망을 제공하면서 사라진 불가사의를 환생시킨 것이다.

03
바르톨디가 제안한 자유의 여신상
바르톨디는 높은 기단부 위에 거대한 여신을 세워 자유를 상징하였다.

04
자유의 여신상과 이민자들
자유를 찾아 신대륙으로 건너온 이들에게 멀리서 보이는 자유의 여신상은 희망의 상징이었다.

속박의 섬에서 자유를 상징하다

—— **5**
베들로 섬은 1956년 지금의 리버티 섬Liberty Island으로 이름을 변경하였다.

자유의 여신상이 위치한 베들로 섬Bedloe's Island5은 속박의 장소였다. 1871년 6월 뉴욕에 도착한 다음 날, 바르톨디는 자유의 여신상을 세울 대지를 알아보았다. 바르톨디는 베들로 섬을 최적지로 꼽았는데, 이곳은 아이러니하게도 사형 집행지로 사용되고 있었으며 군 시설이 있는 곳이었다. 어두운 속박의 땅에 자유를 상징하는 자유의 여신상이 서게 된 것이다.

자유의 여신상 그 자체도 속박의 사슬 위에 서 있는 모습을 상징화하였다. 여신상이 밟고 있는 부서진 사슬은 영국으로부터의 독립을 상징한다. 엄밀하게 보자면 사테인(John Sartain, 1808~1897)이 링컨을 묘사한 판화에 사슬을 짓밟고 있는 모습을 표현한 선례가 있다. 링컨이 속박의 상징인 사슬을 짓밟는다는 것은 곧 노예 해방을 상징하는 것이다. 바르톨디는 파리에서 자유의 여신상을 구상할 때 이미 링컨의 업적을 알고 있었다. 미국에서 짓밟힌 사슬은 영국으로부터의 독립과 노예 제도로부터의 해방을 의미한다는 것을 미리 알고 자유의 여신상의 발아래 적용한 것이다.

속박으로부터의 자유는 횃불로도 표현되어 있다. 자유의 여신상 이전에 자유를 기념하는 조각상들은 종종 한 손에는 방패를 쥐고 다른 한 손에는 칼을 들어 올리고 있었다. 미국에서 이러한 이미지는 국회의사당을 장식하는 조각상과 그림에서 나타나며, 이와 더불어 월계관 같은 평화의 상징도 같이 적용되곤 했다. 하지만 자유의 여신상은 한발 더 나아가서, 평화의 상징으로 방패와 칼을 포기했다.

바르톨디는 여신의 손에 횃불을 쥐여주었는데, 그 횃불은 선동적인 불꽃으로 타오르는 것이 아니라 계몽의 열정으로 타오르는 불빛이었다. 바르톨디는 이 횃불을 수에즈 운하 등대 디자인에서도 사용했다. 횃불은 19세기에 인기 있는 상징이었는데, 특히 자유와 법정과 관련한 이미지로 쓰였다. 또한 어둠을 이긴 빛의 승리를 상징했는데, 그것은 공화정의 전형으로서 세상을 밝게 비추는 미국의 정치와 관련이 있다.

우리는 수많은 약속과 기호 속에 살고 있고, 이제는 그런 것들이 너무 당연한 나머지 그 약속과 기호들이 예전부터 존재했던 것처럼 쉽게 생각한다. 자유의 여신상은 희망과 열정의 아이콘이지만 처음부터 그랬던 것은 아니다. 애초 순수하고 낭만적인 이유로 만들어진 기호도 아니었고, 지금처럼 자유의 아이콘으로 통용될 것이라 예상하지도 못했다. 시간이 지나갈수록 점차 미국을 상징하는 랜드마크로 인식되었고 세계적으로 중요한 아이콘이 되었다.

오늘도 자유의 여신상은 자유에 대한 갈망을 고취하고, 이민 생활을 시작하는 이들에겐 아메리칸 드림으로 가슴을 벅차오르게 하며, 이미 자유를 얻은 사람들에게는 그 자유의 대의를 다시금 일깨우며 매일매일의 스펙터클한 일상에서 자유의 의미를 깨우쳐주고 있다.

현대 도시에서는 이런 거대한 랜드마크를 만들 수 없을지도 모른다. 민족의 기원이 되는 왕의 모습도 아니고, 종교적 지도자의 모습도 아니며, 나라를 구한 역사적 인물의 얼굴도 아니다. 도상적 이미지보다는 기하학적인 이미지가 우세한 지금의 정서로는 독립운동의 상징인 유관순 열사의 동상도 이렇게 거대하게 만들 수는 없을 것이다. 자유의 여신상을 만든 프랑스는 들라크루아(Eugène Delacroix, 1798~1863)의 그림 '민중을 이끄는 자유의 여신' 속 마리안느를 국가

자유의 여신상의 횃불

자유의 여신상에 사용되었던 옛날 횃불

를 상징하는 여성상으로 공식 채택하고 있다. 자유의 여신상은 마리 안느의 신화화된 모습이다. 미국의 독립이라는 역사적으로 중요한 순간을 기록하고 그것을 랜드마크로 승화시켜 도시의 프로필을 만든 힘은 정치적인 제스처 이상의 사람들의 염원을 도시에 새긴 것이다.

EIFFEL
TOWER

파리 에펠탑,
낯선 신기술의 빛나는 보석

파리의 프로파일

파리의 상징으로 손꼽히는 에펠탑은 처음부터 프랑스를 대표하는 상징물로 계획되었을까? 에펠탑에 기대했던 것은 프랑스 대혁명 100주년과 프랑스에서 주최하는 세계박람회를 기념하고 기술적으로 높이 1,000피트(333미터)를 달성하는 것이었다. 산업혁명 이후 철도 건설을 통해 철골구조 건설에 노하우가 쌓인 프랑스는 1888년 바르셀로나 박람회에 에펠탑을 세워 프랑스 산업의 우수성을 보여주려 했다. 하지만 바르셀로나 박람회에서는 디자인이 도시에 맞지 않는다며 퇴짜를 맞았다. 그래서 1년을 기다려 다음 해인 1889년 자국에서 개최한 만국박람회에서 에펠탑을 선보였다.

요즘 세계박람회에서 대부분 가건물을 지어 행사를 진행하는 것처럼 에펠탑 또한 20년이란 수명을 한정하고 지어졌다. 하지만 제1차 세계대전 당시 에펠탑에 장착된 라디오 송신기가 독일군의 송수신 시스템을 방해하여 마메Mame 전투에서 승전보를 울리자 에펠탑은 프랑스의 수호신이 되었다. 이를 계기로 에펠탑의 방송, 통신에서의 활용도가 높게 평가되면서 수명이 연장되었다. 그 후 파리의 관광 흑자는 더 커졌고 지금은 에펠탑 없는 파리는 상상할 수 없다. 유지 관리를 위해서 7년마다 60톤의 페인트가 필요하지만 에펠탑의 상징성과 관광 수입을 볼 때 그 정도 경비는 문제도 아니다. 세계인의 사랑을 받는 에펠탑은 지금도 한 그루의 나무처럼 프랑스의 배경이 되어주고 있다.

높이 1,000피트를 향한 열망

파리 중심부에 자리 잡고 있는 일종의 종합 전시장이다. 1670년 루이 14세의 지시에 따라 퇴역 군인을 위한 생활 근거지로 만들어지기 시작해 1676년에 완공되었다. 이후 생 루이 데 앵발리드 교회와 왕실 예배당인 돔 교회가 추가되었다. 현재 앵발리드에는 군사 박물관, 현대사 박물관 등 주요 전시관이 들어서 있다.

파리를 형성해온 프랑스 왕정은 앵발리드Invalides1의 황금색 돔과 노트르담 성당, 파리 오페라 극장 등의 고딕 건축과 고전적인 건물을 랜드마크로 유지하고 있었다. 황제가 된 나폴레옹 3세(Louis-Napoléon Bonaparte, 1808~1873)는 조르쥬 유진 오스망(Georges-Eugene Haussman, 1809~1891)에게 파리를 유럽 최고의 도시라는 명성에 걸맞은 모습으로 바꾸라고 명령했다. 오스망은 좁은 골목길이 서로 얽혀 있던 중세 도시 파리에 대로를 설치하고 곳곳의 주요한 지점을 잇는 방식으로 도시 재개발을 진행하였다. 오스망의 계획 아래 대로와 랜드마크로 이루어지는 파리의 시스템이 형성되었다.

시간이 흘러 나폴레옹 3세의 제2제정이 막을 내리고 1870년부터 제3공화정이 시작되자 1세기 전의 프랑스 대혁명 정신에 충실하려는 정치적 분위기가 충만하였다. 이미 1855년부터 세계박람회를 유치하여 자신들의 힘을 과시해온 프랑스는 1889년 파리 박람회를 프랑스 대혁명 100주년을 기념하는 행사로 만들고자 했다.

1886년에 파리 박람회를 계획하던 로크로이(Édouard Lockroy, 1838~1913) 장관은 구스타브 에펠(Alexandre Gustave Eiffel, 1832~1923)이 설계한 1,000피트 높이의 에펠탑을 지어 근대 프랑스의 힘을 전 세계에 보이며 과학과 기술의 힘을 드러내고자 했다. 타고난 과학자였던 에펠 역시 예술적인 파리의 분위기와 상반적인 자신의 탑이 기상학, 유체역학, 물리학 등의 다양한 실험에 쓰일

돔 교회
황금색으로 빛나는 돔 교회 지하에는 나폴레옹 1세의 유해가 안치되어 있다.

수 있다고 자랑하였다.

에펠탑이 지어질 당시 1,000피트라는 높이는 상당히 상징적인
의미가 있었다. 지금도 100층 건물, 1,000미터 건물을 언급하듯이 항
상 십진수 단위의 기록은 상징적이다. 당시 1,000피트의 구조물은 상
당한 관심거리였고, 프랑스뿐만 아니라 다른 여러 나라에서 1,000피
트를 정복하려는 다양한 시도가 있었다.

1833년 영국 철도기술자 리처드 트레비식(Richard Trevithick,
1771~1833)은 런던에 1,000피트 높이의 철탑을 세우려고 했다. 바닥
은 100피트 너비의 조적조[2]로 만들고 타워가 높이 올라갈수록 점점
좁아져 면적이 10피트가 되면 그 위에 거대한 조각을 놓는 구상이었
다. 하지만 그는 계획을 실천하기 전 운명을 달리하였고, 1874년 미국
에서 1,000피트는 다시 시도되었다. 클락과 리브스라는 철도기술자
들은 트레비식의 안을 발전시켜 필라델피아 박람회에 설치하려 했다.
하지만 박람회 진행위원회의 거부로 1,000피트를 향한 열망은 미뤄
졌다. 그리고 이 열망은 마침내 에펠탑으로 실현되었다.

—— 2
돌, 벽돌, 콘크리트 블록 등을
쌓아 올려서 벽을 만드는 건축
구조이다.

에펠탑 건설의 4단계
프랑스는 에펠탑으로 자신들이 지닌 철강 기술의 힘을 과시했고, 이는 다른 나라들의 경쟁심에 불을 지폈다.

　초기 계획 당시 에펠은 이렇게 큰 탑을 지을 생각이 아니었다. 에펠이 상상한 것은 자유의 여신상 높이에 가까운 550피트 정도였다. 그러나 진행위원회 측에서 프랑스의 기술을 드높일 것을 요구하여 높이는 거의 두 배가 되었다. 프랑스의 철강 기술은 세계 최고였다. 1871년 프랑스는 로레인 지방에서 강철 매장지를 발견했다. 강철 매장량도 엄청나서 한참 산업이 발달할 시기에 프랑스에게 굉장한 호재였다.

　1,000피트 높이를 달성한 에펠탑은 주변 국가에도 상당한 영향을 미쳤다. 지금과 마찬가지로 그 당시 세계박람회 또한 각국이 첨단 기술을 보여주는 장이었는데, 프랑스가 높이의 한계를 벗어난 에펠탑

을 내세우자 다른 나라들이 경쟁심을 느끼기 시작했다. 특히 에펠탑이 완공되기 4년 전에 워싱턴 기념비를 지었던 미국인들은 불과 4년 만에 역전당했다며 에펠탑을 상당히 의식했다. 그 대응책으로 미국은 에디슨(Thomas Alva Edison, 1847~1931)의 발명품들을 강력하게 밀어주며 기술 강국으로서의 위용을 과시했다.

1890년 영국에서는 에드워드 왓킨 경(Sir Edward Watkin, 1819~1901)이 에펠탑보다 200피트가 높은 탑을 짓고자 대지도 구입하고 가장 좋은 디자인을 뽑기 위한 설계공모전도 진행하였다. 이 탑은 첨성대나 기후 관측소로도 쓰고 카페에서 식사도 할 수 있게 만들 계획이었지만 154피트까지만 건설하고 더는 올라가지 못하였다.

미국에서는 1893년에 개최될 시카고 세계박람회 때 1,600피트나 되는 타워를 세워 에펠탑을 능가하고자 했다. 밑넓이가 400피트나 되는 건물 안에는 두 개의 수직 통로를 두어 건물의 최상부까지 올라가도록 하였다. 에펠탑을 능가하기 위한 노력은 타워의 조망을 확보하기 위한 다양한 기술에서도 드러난다. 일천 명을 태우고 반원의 궤적을 그리며 올라가 지상과 평행이 되었을 때 멈추어 도시를 조망하게 하는 그네 같은 타워도 계획되었다. 이는 에펠탑의 기술적인 업적을 능가하려는 시도였다. 에펠탑은 그만큼이나 경쟁국에게 풀어야 할 숙제였다.

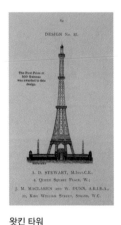

왓킨 타워
에드워드 왓킨이 진행한 설계 공모전에서 당선된 탑의 디자인으로 에펠탑보다 높은 1,200 피트이다.

사실 에펠이 파나마 운하 건설 사업에 실패하여 자금 문제로 감옥에 가기 전에 시카고 박람회 측에 에펠탑보다 더 높은 구조물을 짓자고 제안하였으나, 미국 엔지니어들이 강하게 반발하여 성사되지 못했다. 시카고 박람회 측은 에펠탑의 영향으로, 미국에도 무언가를 지어야 한다는 강박관념에 시달렸다. 그리고 그 해답은 페리스(George

1893년 시카고 세계박람회 때 세워진 페리스 휠

Washington Gale Ferris, Jr., 1859~1896)의 대관람차에서 찾았다. 비록 높이는 에펠탑보다 낮지만 흥행 효과는 충분했다. 에펠탑에 입장한 사람의 반도 안 되지만 100만 명 이상이 대관람차를 찾았다. 그러나 대관람차는 놀이기구의 느낌이 강해 사람들에게 에펠탑과 같은 예술과 기술이 통합된 우아함을 선사하지 못하였다. 300피트 높이의 대관람차가 서서히 하늘로 올라가면 시카고의 스모그와 아래의 전시가 보였지만 대관람차 자체로서 충분한 감동은 주지 못했다.

에펠은 에펠탑 건립에 대해 사람들이 품은 모든 의아함에 "두고 보면 알게 될 것이오"라고 대답하며, 기술과 예술이 결합한 에펠탑의 아우라에 대해 강한 자부심을 드러냈다. 시카고 대관람차는 흥행에는 성공했지만 에펠이 자부했던 아우라는 주지 못했고, 미국은 1930년 뉴욕에 크라이슬러 빌딩Chrysler Building을 짓고 나서야 에펠탑의 높이를 능가하게 되었다. 그러나 크라이슬러 빌딩은 건축주들이 원하는 스타일로 지어져서 신기술을 표현하는 에펠탑과 같은 기술적 순수성은 덜하다.

낯선 신기술의 일상화

철제로 된 흉물이라며 에펠탑을 보지 않기 위해 에펠탑 안에 있는 카페에 매일 가는 것이 낫겠다고 말한 소설가 모파상(Guy de Maupassant, 1850~1893)의 조롱과 더불어, 에펠탑을 둘러싼 많은 루머와 미신이 있었다. 어떤 사람들은 괴상망측한 에펠탑에 햇빛이 반사되어 무더운 폭풍우가 친다고 믿을 정도였다. 시인이자 소설가인 블레즈 상드라르

에펠탑의 첨탑(피뢰침)
에펠탑을 거부하는 사람들은
번개를 부르는 탑이라 하며 건
설에 반대하였다.

(Blaise Cendrars, 1887~1961)는 에펠탑을 보고 현기증을 느낀다며 "에펠
탑은 부인용 모자의 장식 핀처럼 정교하게 파리 위로 뻗어 있었다. 우
리가 탑에서 멀어지면, 탑은 꼿꼿하게 수직으로 파리에 군림했다. 우
리가 탑에 접근하면, 탑은 우리 위로 몸을 기울였다. 1층 전망대에서
보면 탑은 위쪽으로 나사처럼 올라갔고, 꼭대기에서 보면 탑은 다리
를 쫙 뻗고 목을 접어 넣은 채 오그라들었다"라고 모양을 비판하였다.

에펠탑은 완공 후뿐만 아니라 기초가 만들어지던 단계에서부터
각종 민원과 공사 중지 요구로 몸살을 앓았다. 탑 근처에 사는 한 여자

는 에펠탑이 자기 집의 햇빛을 가릴 것이라며 고소했고, 1887년에는 47명의 프랑스 예술가와 문인이 에펠탑에 대한 공식적인 반발 성명을 발표하였다. 역시 논조는 예술적인 파리에 기계적인 흉물이 들어선다는 것이었다.

공격은 로크로이 장관과 에펠에 집중되었다. 집안에 예술가와 문인이 많았던 로크로이 장관은 이들의 생리를 잘 알고 대처하였다. 그는 파리 예술가들의 항의가 다른 나라의 박람회 참여를 방해할 수 있다고 반박하였다. 그리고 오히려 문인들이 작성한 수려한 문장의 항의서를 박람회에 전시하여 대중의 관심을 끌면서 항의의 본질적 이슈를 무마하였다.

에펠은 에펠대로 건축미에 대하여 그만의 논지를 폈다. 그는 프랑스의 예술성에 대하여 의문을 던지며 파리는 작은 골동품 같은 예술미에 빠져 있다고 파리의 예술 현실을 비판하였다. 에펠은 건축미는 사용 적합성에 따라 결정되어야 한다며 현실과 동떨어진 예술론에 반박하였다. 에펠 스스로 에펠탑의 가치는 프랑스인보다는 영국인이나 미국인이 알아볼 수 있다고 했듯이, 파리의 토박이들이 에펠탑에 대하여 비판을 서슴지 않은 반면 오히려 칭찬과 더불어 경쟁의식은 외부인에게서 나왔다.

미국이 신기술을 자랑하기 위해 파리 세계박람회에 파견한 에디슨은 파리에 도착하여 참석한 토목기술자와의 저녁 만찬에서 에펠탑은 그 자체로 훌륭하다 하였다. 하지만 에디슨은 에펠탑 정상으로 가는 엘리베이터는 미국의 기술이라는 사실을 언급하며, 미국이 3년 후 열게 될 박람회에서 입이 쩍 벌어질 기술을 보여줄 것이라고 강조하였다. 에디슨은 《타임스The Times》와의 인터뷰에서 에펠탑보다 두 배나 큰 탑을 만드는 것은 기술적인 문제도 아니라고 하면서, 에펠을 미국의 자본가들이 초대하여 충분히 더 높은 것을 지을 수 있다는 식의 발언을 하였다.

에펠은 디자인 초기에 엘리베이터에 관해서는 심각하게 고민하지 않았다. 엘리베이터는 에펠의 회사에서 담당할 수 없어서 다른 프랑스 회사에 의뢰하기 위해 견적을 받았으나, 오직 미국 회사인 오티스OTIS**3**만 입찰에 참여하였다. 프랑스 정부는 1차 입찰을 취소하고, 2차를 진행했으나 역시 오티스뿐이었다. 프랑스 정부는 방침을 바꾸어 미국 회사인 오티스에 엘리베이터를 의뢰하였다. 오티스 측은 에펠탑이 지어지기 전부터 의뢰를 예상하고 엘리베이터 설치를 연구했다고 한다. 그러나 당시 프랑스는 오티스의 안전장치에 의문을 제기하며 비상시에 톱니형으로 브레이크가 걸려 손으로 당길 수 있는 구조로 보강해 달라고 오티스 측에 계속 요구했고, 급기야 오티스는 자기들의 기술력을 믿지 못하는 프랑스에 상당한 불만을 표시했다고 한다. 기술을 둘러싼 프랑스와 미국의 자존심 대결의 한 면모를 보여준 것이다.

그런데 정작 큰 문제는 시공 과정에서 발생했다. 엘리베이터가 경사진 채로 올라가야 하기 때문에 오티스는 에펠에게 내부 구조 변경을 요구했고 그렇게 변경된 설계도로 작업을 하였으나, 에펠이 현장에서 도면과 달리 공사를 진행하여 오티스는 연거푸 엘리베이터 설치 계획을 수정해야 했다. 오티스 측에서는 주어진 시간 안에 엘리베이터 공사를 마무리하지 못할 것 같아 공식 문서로 문제를 제기했고 서로 간의 공방이 오고 갔다. 결국 박람회 시작 직전에 마무리되었지만, 프랑스와 미국 간의 기술 대결 양상을 보여준 사례로 남았다.

—— 3

오티스는 1853년 뉴욕에서 세계 최초로 줄이 끊어져도 안전하게 브레이크가 작동하는 엘리베이터를 시연하여 미국을 비롯한 전 세계에서 인정을 받은 회사이다. 현재 대규모 쇼핑 시설을 편하게 이용하는 데 결정적인 역할을 한 회사이다.

에펠탑의 변신은 무죄

1889년 당시 최고 기술은 산업혁명 후 발전한 기차와 철도 기술이었다. 에펠은 최고의 철도기술자로서 이름을 날려 부를 축적하였으며, 마치 오늘날의 컴퓨터 소프트웨어나 웹사이트 개발자와 같은 명망 있는 위치에 있었다. 그가 제안한 탑은 당시의 문화적 상황과는 걸맞지 않았지만 철강 기술의 정수를 보여주는 것이었으며, 또한 자본력을 뽐내는 수단이었다. 마치 국내 S그룹의 총수가 제일 높은 아파트와 사무용 건물을 짓는 것과 같았다. 처음부터 국가를 상징하는 탑을 만들 작정은 아니었지만 기술과 열망이 집적된 '물건'을 만들고 나니 자연스럽게 상징체로서 역할을 하게 된 것이다.

1999년에는 에펠탑 건립 100주년을 기념하며 2만 2,000개의 전구를 달아 밤에도 불을 밝히는 파리의 랜드마크로 한 단계 진화하였다. 매해 에펠탑에서는 스턴트 쇼가 벌어지고 유명한 자전거 대회인 투르드 프랑스Tour de France가 시작되며, 불꽃놀이가 성대하게 펼쳐진다. 또한 최근에는 친환경의 상징으로 에펠탑을 수직정원 형태로 변신시키기 위한 계획이 추진되고 있다. 19세기에 철이 신세계의 상징이었다면 21세기에는 친환경이 대세임을 여기서도 확인할 수 있다. 오늘날 모든 명품 도시는 친환경을 모토로 저탄소 시대를 향해 가고 있다.

초기의 부정적인 견해들에도 불구하고 에펠탑은 지금까지 2억 명 이상이 방문하면서 전 세계인이 파리를 생각할 때 가장 먼저 떠올리는 랜드마크가 되었다. 에펠탑에 대한 인식이 부정에서 긍정으로

에펠탑의 낮과 밤
에펠탑은 파리와 프랑스를 상징하는 것에 국한되지 않고, 좌충우돌의 현대 사회 그 자체를 나타내고 있다.

바뀐 것은 현대의 랜드마크가 형성되는 과정을 대표적으로 보여준다. 현대의 상징은 자의적으로 이루어지며 거창한 신화나 이야기 없이도 형성될 수 있다는 것을 에펠탑은 스스로 증명한다. 에펠탑의 성공은 이른바 '에펠탑 효과Eiffel Tower Effect'라는 말을 탄생시켰다. 이는 싫어하던 대상, 또는 사회적으로 문제를 일으킨 대상이라도 한자리에서 때로는 도움을 주며 오래 존재하다 보면 사회적 인정을 받으며 점차 익숙해져서 애증 관계가 성립된다는 말이다.

현재 서울과 제주도에 많은 관광객이 오고 있다. 그들이 주로 방문하는 곳은 한류 붐을 일으킨 드라마 촬영지인 경우가 많다. 드라마 〈올인〉으로 유명해진 제주도의 섭지코지는 드라마 세트로 사용된 성당 뒤에 선큰 가든[4]을 만들어 탤런트들의 현수막을 걸어놓고 드라마 주제곡을 잔잔히 틀어놨다. 을씨년스러워서 그런지 그 많은 관광객 중 대부분은 그곳으로 가지 않고 오히려 바다 풍경을 보기에 열중한다. 창조적으로 공간을 만들고 운영 계획을 세우지 않는 한, 이 빈 성당과 선큰 가든은 오래 갈 수 없을 것이다. 이곳은 이야기는 있지만, 그 이야기의 감동을 재현하지 못하기 때문이다. 현재 관광청에서 진행하고 있는 공간을 브랜드화하려는 노력도 이야기의 창조적 전달이 담보되지 않는 한, 박제된 곳으로 남아 점점 사람들의 발길이 끊길 것이다. 랜드마크 신드롬은 공염불로 끝날 가능성이 많다.

건립 당시 낯선 신기술로 만들어진 에펠탑은 파리와 프랑스만을 상징하는 기념비가 아니다. 에펠탑의 시작부터 현재까지 좌충우돌해 온 모습은 기술 혁신, 미적 구조, 사회적 합의 등 현대 사회의 다양한 지평의 창조성을 상징하며 일상의 다반사를 경험하는 현대인이라면 누구나 한 번쯤 가보고 싶어 하는 랜드마크가 되었다.

LONDON
EYE

런던아이,
하이테크와 로우컬처의 상생

런던 프로파일

대영제국의 수도 런던에서는 돌로 만들어진 건물이 대세였다. 그러나 1980년대부터 오래된 석조 건물 틈에 첨단 기술이 스며들기 시작했다. 고색창연한 석조 건물 사이에 투명한 유리 너머로 기계와 같은 철골구조를 드러낸 건물들이 생겨났다. 007 시리즈에 등장하는 신무기 가젯gadjet들을 보는 듯했다.

지금도 런던의 건축은 단연 돋보이는 기술력을 자랑하며 새로운 구조와 시스템을 계속 시도하고 있다. 특히 64년만에 개최한 2012년 런던 올림픽을 준비하면서 런던은 새로운 가젯을 장착하고 새로운 도시로 탈바꿈했다. 이는 런던 올림픽을 친환경 올림픽으로 성공시키는 밑바탕이 되었다.

2012년 런던 올림픽을 준비하면서 새로운 경기장을 지을 때는 대회가 끝난 뒤 일상에서의 적정 사용 빈도를 고려하여 이동 가능성과 재생 가능성 및 친환경성을 추구하였다. 올림픽 주경기장은 폐공장과 쓰레기 매립장이 있던 곳에 지었는데, 이곳을 정리하면서 나온 폐자재의 90퍼센트를 경기장 신축에 재활용하였다. 심지어 농구장은 전체를 분해하여 다음 올림픽을 개최하는 나라에 수출하기도 했다. 올림픽 시설의 사용 빈도를 엄밀하게 예측하고 공간 자원을 효율적으로 조절했기에 가능한 일이었다. 부풀려진 통계자료에 맞춰 짓고는 나중에 유지 관리 비용 때문에 허덕이는 우리나라 경기장과 인프라들을 보면 너무나도 배울 점이 많은 런던의 스마트한 가젯들이다.

어렸을 때 본 미국 드라마의 주인공 맥가이버가 애용하던 스위스 칼처럼 런던의 가젯들은 도시에서 정확한 퍼포먼스를 하도록 적재적소에 장착되어 있다. 런던 올림픽 퍼레이드에 여왕과 같이 등장한 제임스 본드의 도시적 가젯들은 런던의 프로필을 업데이트하였다.

첨단 기술을 활용한 보존, 테이트 모던 미술관

2000년 밀레니엄을 맞아 영국은 다시 한번 세계의 중심으로 발돋움하기 위하여 런던에 창조적인 도시 경관을 만들었다. 런던의 늘어나는 이민자와 부족한 사무용 건물, 낙후된 도시 기반 시설에 문제점을 느끼고 있던 영국 정부는 '모습을 바꾸자'라는 구호와 함께 '밀레니엄 프로젝트The Millennium Project'를 추진하였다. 런던 내에 문화, 비즈니스 등의 지구를 만들고 특화 개발을 시작하였으며, 2012년 올림픽을 유치하면서 도시의 경관을 바꾸었다. 특히 템스 강변을 따라 런던아이London Eye에서 세인트 폴 대성당Saint Paul's Cathedral까지 이어지는 '문화 1마일 지역Culture 1Mile'은 영국 내의 다양한 명소들과 함께 문화중심지로 거듭났다.

밀레니엄 프로젝트의 핵심은 그리니치 지역에 세워진 밀레니엄 돔Millennium Dome, 런던을 조망할 수 있는 런던아이London Eye, 세인트 폴 대성당에서 템스 강 남쪽으로 통하는 밀레니엄 브리지Millennium Bridge와 그에 연결된 테이트 모던 미술관Tate Modern이다.

엄밀히 말하면 테이트 모던 미술관은 밀레니엄 프로젝트는 아니지만 같은 맥락으로 볼 수 있다. 하지만 완전히 새로운 랜드마크를 세우는 것이 아니라 기존의 시설을 최대한 재사용했다는 점에서 상당한 차이가 있다. 밀레니엄 프로젝트가 큰 계기가 되어, 테이트 재단과 정부는 현재의 테이트 모던 미술관을 템스 강 남쪽의 버려진 화력발전소에 유치하기로 했다.

원래 뱅크사이드Bankside 발전소는 런던 중심부에 전력을 공급하기 위해 1963년 가동에 들어갔으나 공해 문제로 1981년에 폐쇄되었다. 오랫동안 방치된 곳이지만 아르데코^{art déco} 양식[1]으로 지어진 건물 외관에다 세인트 폴 대성당의 건너편이라는 환상적인 입지 조건, 성당에 뒤지지 않는 규모 등이 큰 장점으로 꼽혔다. 후에 밀레니엄 브리지가 생겨 세인트 폴 대성당과 연결되면서 접근성은 더욱 극대화되었다.

하지만 테이트 재단이 발전소를 미술관으로 고쳐 쓰겠다고 발표한 당시에는 우려의 목소리도 있었다. 발전소가 런던의 대표적인 낙후 지역에 있었기 때문이다. 이에 대해 테이트 재단은 오히려 지역 활성화라는 목표를 강력히 주장하였다. 1994년 테이트 재단은 뱅크사이드 화력발전소를 활용한 테이트 모던 미술관 현상공모를 실시하였다. 당선작은 스위스 건축가 헤르조그와 드 뮤론(Herzog & de Meuron)[2]의 안이었다. 그들은 미술관 내부와 외부에 다른 디자인 전략을 제안했다. 외관은 기존 화력발전소의 기념비적인 요소들을 유지하면서 최소한의 새로움을 부가하고, 내부는 쓸모없는 기계실을 없애 미술관에 필요한 새로운 공간을 설계해 넣었다.

그들의 전략은 건립 초기 상당한 논란거리가 되었다. 특히 세계적인 건축가 데이비드 치퍼필드(David Chipperfield), 안도 다다오(安藤忠雄), 렘 콜하스(Rem koolhaas), 라파엘 모네오(Rafael Moneo), 리처드 글럭먼(Richard Gluckman), 렌조 피아노 등이 초청된 테이트 모던 공모작 중 가장 소극적이고 보수적이라 평가받았던 헤르조그와 드 뮤론의 작품은 당시 새로운 랜드마크들이 들어서던 영국의 시대적 상황과 대비되어 대중과 비평가들에게 상당히 의아하게 보였다.

그러나 완성된 테이트 모던 미술관이 대중에게 사랑을 받으면서, 기존의 벽돌벽과 대비되는 현대적 재료가 과거에 대한 존중과 미래에 대한 열린 태도를 보여주고 있으며, 발전소 스케일의 내부를 전시관으

—— 1

1920년대 프랑스를 중심으로 유행한 미술 양식으로 '장식미술(art déco ratif)'의 약칭이다. 주로 풍부한 색감과 기본 형태의 반복, 미학적 문양, 호화로운 장식으로 대표되는 양식이다.

—— 2

1950년 스위스 바젤에서 태어난 헤르조그(Jacques Herzog)와 드 뮤론(Pierre de Meuron)은 취리히 연방공과대학에서 건축을 전공하고, 1978년 함께 건축사무소를 설립하였다. 이후 전 세계를 넘나들며 미술관에서 도시 설계까지 다양한 영역의 건축 프로젝트를 함께 하였다. 2001년에는 프리츠커상을 받았다.

(위에서부터)
알리안츠 아레나 경기장
프라다 뷰티크 아오야마

테이트 모던 미술관
테이트 모던 미술관은 방치된 산업 시설의 재생에 대한 현대적인 모범 답안을 제시하였다.

로 만들어 미술관의 새로운 유형을 창조해냈다는 평가를 받고 있다.

테이트 모던 미술관은 새로운 작가들을 발굴하는 현대예술의 중심지로 자리매김했다. 현대미술이 기존 미술과는 다르게 대중의 참여를 이끌어내듯이 전시 공간 또한 개방적으로 구성하여 대중의 참여를 유도하고 있다. 현재 테이트 모던 미술관은 늘어나는 관람객을 수용

국가의 상징이 되다

하기 위해 '테이트 모던 2'를 준비하고 있다. 새로운 테이트 모던은 기존의 수평적인 미술관에 수직적인 공간을 더할 계획이다.

테이트 모던의 성공으로 낙후된 인근 지역도 살아나고 있다. 즉, 테이트 모던은 진정한 의미의 생산적 랜드마크로 확고히 자리 잡았다. 2000년에 개관해 베이비 테이트로 불린 런던의 와핑 프로젝트[3]도 성공을 거두었다. 테이트 모던이 보여준 산업 유산 재생 방식은 유럽으로 퍼져 다양한 재생 프로젝트로 이어졌다. 현재 유럽의 많은 산업 유산이 폐허를 벗어나 미술관이나 박물관으로 새롭게 재생되고 있고, 이런 변화는 유럽뿐 아니라 세계 곳곳에서 계속될 것이다. 산업 유산 재생은 건축이 공간을 만들 뿐만 아니라 시간의 흔적도 보여주는 장치임을 여실히 증명한다.

—— 3

1890~1977년까지 사용된 런던 템스 강변의 와핑 수력발전소를 개조하여 갤러리와 레스토랑이 있는 복합문화공간으로 만들었다. 높은 천장, 낡은 창문, 거대한 보일러 등 수력발전소의 외형과 내부 시설을 거의 그대로 살려 도시 재생프로젝트의 훌륭한 본보기가 되었다.

로우컬처의 핫스팟, 올드 트루먼 양조장

1666년에 문을 연 올드 트루먼 양조장The Old Truman Brewery은 1988년 양조장으로서는 문을 닫았다. 하지만 옛 양조장 건물들은 여전히 살아남아 예술 및 이벤트 센터, 다양한 패션 샵과 주점이 되었다. 지금 이곳은 전 세계에서 방문객을 유치하는 하나의 독창적인 소우주다. 약 4만 5,000제곱미터 부지에 레스토랑, 주점, 상점, 격주로 열리는 패션 마켓이 들어서 예술과 비즈니스 그리고 여가가 함께 하는 공간으로 새롭게 태어났다.

올드 트루먼 양조장은 다양한 건물의 집합체이고, 그곳에서는 각기 개성 있는 여러 가지 프로그램이 펼쳐진다. 마치 예술계의 다양성

을 반영하듯, 그 안에는 많은 이벤트와 문화가 공존하고 있다. 이곳의 가장 큰 볼거리 중 하나는 길거리 예술Street Art이다. 길거리 예술은 공공장소에서 이루어지는 그라피티, 조각, 포스터, 스티커, 전단지, 설치미술 등이다. 이들 길거리 예술은 종종 불법 행위로 간주되기 때문에 길거리 예술가는 작품 활동을 할 장소를 고르는 데 신중을 기하고, 게릴라식으로 활동하는 경우가 대부분이다.

올드 트루먼 양조장의 대표적인 아티스트는 뱅크시(Banksy)와 론조(Ronzo)이다. 뱅크시는 게릴라식 작품 활동을 해 작품의 시기를 정확히 알 수 없다. 언제부턴가 올드 트루먼 양조장 엘리스 야드Elys yard의 대형 컨테이너 위에 런던 동부에서 흔히 볼 수 있는 트라이엄프 스핏파이어Triumph Spitfire GT6 차종의 차량이 버려져 있었다. 뱅크시는 그것을 강렬한 핑크색으로 도색했다(2005년으로 추정). 그리고 d*face라는 거리 예술가가 차창에 작품 활동을 하였다. 이로 인해 여러 그라피티 아티스트에게 이 장소는 유명해지고 컨테이너에 그라피티 작품

01

이 그려지기 시작했다. 또한 이곳에 모래를 깔고 마치 해변처럼 조성하여 도심 속에서 일광욕을 즐길 수 있는 장소로 만들었다. 그 후 다양한 이벤트가 벌어지고 수많은 사람이 찾고 즐기는 명소가 되었다.

올드 트루먼 양조장에서 찾을 수 있는 론조의 작품은 '크런치 Crunchy: The Credit Crunch Monster'이다. 마치 돈을 씹어 먹고 있는 듯한 공룡 캐릭터를 콘크리트로 조각한 작품이다. 론조는 이 작품을 세계 경제 위기의 공식적인 마스코트라고 말한다. 이 작품은 원래 런던 동부의 어느 건물 옥상에 설치되어 그곳의 상징적인 랜드마크가 되었다고 한다. 그 후 론조는 이 작품을 지금의 올드 트루먼 양조장의 한 건물로 옮겼는데, 이때 런던 올림픽에 맞추어 기존의 회색이었던 작품을 올림픽의 공식 색인 핑크색으로 바꿨다. 길거리 예술이란 이름에 걸맞게 이 작품은 손수레에 실려 양조장으로 옮겨졌다고 한다.

길거리 예술 활동이 활발해지면서 올드 트루

01
트루먼 마켓

02
크런치
작가는 이 공룡이 세계 경제 위기의 공식적인 마스코트라고 말한다.

02

면 양조장의 문화적 가치가 인정되었다. 양조장 건물을 리모델링하고 새로운 프로그램을 도입하여 '새롭고 신선한 것'을 추구하는 '문화의 장'으로 탈바꿈했다. 낡고 오래된 양조장이 문화, 예술의 첨단을 걷는 새로운 장소로 변모한 것이다. 그들은 이제 막 사회에 나가려는 대학생과 신인 작가에게도 기회를 부여했고, 수많은 길거리 예술가에게도 작품 제작과 전시의 기회를 주었다. 이렇듯 올드 트루먼 양조장은 비싼 가격과 접근하기 어려운 하이컬처가 아닌 상대적으로 접근하기 쉽고 일상에 가까운 로우컬처를 흡수하여 새로운 문화, 예술의 메카가 되었다.

올드 트루먼 양조장이 영국의 새로운 명소로 자리 잡자 기업들도 이곳의 상업성에 주목하였고, 지금까지 외면해왔던 로우컬처를 마케팅에 이용하기 시작했다. 대중에게 고급스런 이미지로 접근하는 대신 그들이 원하고 쉽게 수용하는 이미지로 다가선 것이다. 마치 뉴욕의 할렘이 상업적인 광고의 배경으로 이용된 것처럼 자본주의 사회에서 피할 수 없는 변질과 왜곡 또한 발생하였다. 그리고 이를 적극 수용

국가의 상징이 되다

한 올드 트루먼 양조장은 단순히 전시를 넘어서 사람들이 로우컬처를 접하고 체험하기 위한 장소이자, 기업이 상업적인 목표를 이루기 위한 새로운 장소로 전용(轉用)되었다. 앞서 소개한 테이트 모던 미술관이 하이컬처의 대표적인 전위적 장소로서 이벤트적인 재미도 추구한다면, 올드 트루먼 양조장의 갤러리들은 이벤트적인 로우컬처로 시작하여 하이컬처를 불러들이는 역할까지 하고 있다.

올드 트루먼 양조장
황폐화된 지역을 리모델링하여 새롭게 탈바꿈한 올드 트루먼 양조장은 문화, 예술의 첨단을 걷는 장소로 변모하였다.

새로운 가젯의 출현, 런던아이

2012년 런던 올림픽 개막식에서 우리는 성화 릴레이 주자 한 명이 런던아이를 타고 성화 봉송을 이어가는 장면을 볼 수 있었다. 영국 전역을 도는 성화 릴레이에서 런던아이는 빠질 수 없는 곳이다. 뿐만 아니라 영화, 소설, 음악 등 많은 대중문화 속 배경으로도 런던아이는 약방의 감초이다.

03

04

런던아이는 '새로움에 대한 충격'으로 논란이 많았지만, 결국 사람들의 인식을 바꾸어놓은 구조물 중 하나가 되었다. 20년 전, 사우스 뱅크South Bank는 아무도 가지 않는 곳이었다. 하지만 지금, 사우스 뱅크는 런던아이와 함께 명소로 떠올랐다.

런던아이는 에펠탑이 파리에서 했듯이 특별한 사람이나 부자가 아닌, 일반 사람들이 도시를 내려다볼 수 있는 기회를 주었다. 공공적이고 모든 사람이 접근할 수 있으며, 런던의 주요 중심부에 있다는 것이 런던아이의 특별함이다.

– 건축가 리처드 로저스(Richard George Rogers)

1990년대 초반,《선데이 타임즈The Sunday Times》와 건축협회 Architecture Foundation는 2000년 밀레니엄을 기념해 런던의 스카이라인에 변화를 가져올 만한 구조물을 찾는 디자인 공모전을 열었다. 여기에서 가장 가벼운 철골 하이테크 구조로 지름 100미터가 넘는 거대한 대관람차를 설치하는 안이 1등으로 당선되었다. 프랑스가 1900년 파리 박람회에서 높이 100미터의 페리스 휠을 선보여 20세기의 시작을 알렸듯, 21세기에는 보다 진보한 기술로 밀레니엄 시대에 걸맞은 새로운 휠을 선보이게 되었다.

오스트리아 빈에 있는 프라터 공원의 대관람차

　　페리스 휠, 즉 대관람차는 1893년 미국에서 첫선을 보였다. 1893년 시카고 박람회를 앞두고 디자이너들은 1889년 파리 박람회에서 본 에펠탑을 라이벌로 삼아 그보다 더 높은 건축물을 지으려고 시도하였다. 당시 에펠이 시카고에 에펠탑보다 높은 타워를 짓자고 제안하였지만, 시카고 박람회의 상징은 페리스의 혁신적 구조물이 차지했다. 페리스의 거대한 휠은 계획 당시에는 썩 좋은 평가를 받지 못했지만 80미터 높이의 휠은 22주 동안 운행되며 박람회에서 큰 인기를 얻었다. 이후 페리스 휠은 국제박람회에 정기적으로 등장하였다. 1895년 얼스 코트Earl's Court 전시회에 세워져 1906년까지 있었고, 월터 바셋(W. B. Basset) 또한 오스트리아 빈의 프라터 공원Prater Park에 대관람차를 만들었다.

　　런던아이도 초기에는 많은 영국인의 반감을 샀다. 규모나 위치 면에서 거대한 존재감을 드러내기 때문에 과거의 도시 풍경을 사랑하고 지켜왔던 시민들에게 런던아이는 거부감을 불러일으켰다. 실제로 런던아이를 풍자하는 만화들이 게재되었는데, 독특한 외관 때문에 사람들은 UFO 혹은 햄스터의 쳇바퀴로 비유하며 웃음거리로 삼았다.

　　설계자 데이비드 마크스(David Marks)와 줄리아 바필드(Julia Barfield)는 시민들이 런던아이를 타고 국회의사당을 내려다볼 수 있다며 설득했다. 의회에 권력을 준 것은 시민이므로 그들은 정치 현장을

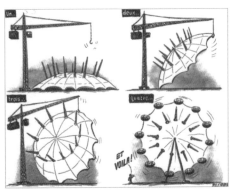

런던아이를 풍자하는 만화들
초기에 런던아이는 많은 반대
여론에 직면했었다.

직접 내려다볼 수 있어야 하며, 런던아이에 그런 의미가 담겨 있다는 주장이었다. 이렇게 런던아이는 민주적인 정치에 대한 국민적 욕구를 표현하였다.

　이와 비슷하게 민주적인 요구가 건축에 반영된 사례는 독일 의회를 베를린 중심에 부활시킨 독일 연방의회 의사당Reichstag에서 볼 수 있다. 19세기 후기에 지어진 원래 건물은 1933년 나치 극우주의자에 의해 불길에 휩싸였고, 1999년 노먼 포스터(Norman Foster)[4]에 의해 재건축되었다. 건립 당시, 독일 의회는 '겸손한 정치'를 표현해줄 것을 건축가에게 요구했다. 노먼 포스터는 원래 건물의 둥근 지붕cupola이 있던 자리에 가벼운 유리와 알루미늄으로 만든 돔을 덮었다. 그리고 돔 내부에는 나선형 계단을 설치하여 시민들이 이곳에 올라 베를린 전경을 감상하는 것은 물론 건물의 중심인 의회실을 내려다볼 수 있게 하였다.

상징적으로나 기능적으로나 런던아이가 원형으로 만들어진 데에는 선택의 여지가 없었다. 시간과 공간, 역사와 미래를 엮은 통합적 의미가 담겨 있기 때문이다. 런던아이는 자유나 희망 등의 고전적인 메시지를 보내진 않지만, 희망적으로 런던을 상징한다. 방문객들은 런던아이로부터 단순하고 행복한 탑승의 기억 이상의 것을 얻는다.

런던아이는 템스 강을 따라 길을 찾게 해주는 이정표가 되었다. 거리에서 런던아이를 보게 된다면 대부분 어디에 있는지 쉽게 알 수 있을 정도로, 런던의 인식적 지도를 재구성한다. 인식적 지도는 실제 지도보다는 런던의 유명한 템스 강을 중심으로 한 튜브맵(tube map, 지하철 노선도)처럼 재구성된다. 높이 솟아 있는 원형의 랜드마크를 보면서 사람들은 템스 강 주변을 따라 자유롭게 이동한다. 이처럼 런던아이는 아이콘으로서 역할을 한다.

노먼 포스터는 최신 기술과 재료를 이용한 하이테크 건축의 대가이자 친환경 건축가로 유명하다.

제2차 세계대전으로 폐허가 된 독일 제국의회 의사당

노먼 포스터가 재건한 독일 연방의회 의사당

전통과 첨단 기술이 빚은 런던 스카이라인

런던은 고층 건물 건설을 규제해왔다. 그러다 1939년에 종교적 · 정치적 의미가 있는 랜드마크들보다도 높은 구조물이 템스 강 남쪽에 지어졌다. 런던 최초의 화력발전소인 배터시 발전소Battersea Power Station였

빅벤은 영국 국회의사당 동쪽
끝에 있는 대형 시계탑에 딸
린 큰 종의 이름인데, 흔히 시
계탑 전체를 가리키는 말로 쓰
인다. 시계탑의 네 면에는 세
계에서 가장 큰 자명종 시계가
달려 있어 런던을 상징하는 랜
드마크로 손꼽힌다. 2012년 엘
리자베스 2세의 즉위 60주년
을 기념하여 엘리자베스 타워
(Elizabeth Tower)로 이름을 바
꾸었다.

다. 네 개의 굴뚝이 우뚝 솟아 있는 발전소의 대표적인 전형으로 현재
유럽에서 가장 큰 벽돌 건물이기도 하다. 정작 발전소는 1981년부터
운행을 중단했지만 발전소 규모가 크고 굴뚝 높이가 112.8미터에 달
해 그 일대에서는 압도적인 높이로 랜드마크 역할을 하고 있다. 배터
시 발전소처럼 예외적인 사례를 제하고는 런던 중심과 런던 외곽의
조망점들에 대한 높이 규제는 엄격했다.

　　　영국 런던에서 세인트 폴 대성당과 영국 국회의사당 시계탑 빅
벤Big Ben5의 높이를 능가하는 랜드마크의 탄생은 사실상 불가능해 보

였다. 그러나 1967년에 시티 포인트City Point가 건축되면서 런던 주변부뿐만 아니라 이제는 도심부에서도 세인트 폴 대성당에 대한 '반란'이 시작되었다. 시티 포인트의 높이는 127미터로 세인트 폴 대성당의 높이 111미터를 훌쩍 뛰어넘었다.

이후 1990년대에 들어서 시장 논리에 따른 대규모 도시 개발 프로젝트가 진행되면서 본격적으로 고층 빌딩이 들어서기 시작했다. 2001년에는 메리 엑스 거리에 노먼 포스터가 설계한 30 세인트 메리 액스30 St. Mary Axe 빌딩 공사가 시작되어 2004년에 완공되었다. 우리에

템스 강변
템스 강을 사이에 두고 런던을 상징하는 랜드마크 건물들이 서로 마주 보고 있다.

게 스위스 리Swiss Re 빌딩 혹은 거킨 빌딩The Gherkin이라는 이름으로 더 친숙한 이 건물은 높이가 180미터로 생각보다 높지 않지만, 원추형의 특이한 형상과 친환경적 면모 덕분에 런던의 현대성을 이야기하는 데 있어서 반드시 거론되는 상징이다.

2012년 7월 영국뿐만 아니라 유럽연합EU에서도 가장 높은 초고층 빌딩인 더 샤드The Shard가 완공되었다. 높이는 최상층의 첨탑을 기준으로 309.7미터이며, 세계초고층도시건축연합CTBUH에서 인정한 초고층 빌딩의 기준인 300미터를 넘는 런던의 유일한 건축물이다. 그동안 사무용 고층 건물의 비율이 압도적으로 많았던 것에 비하여 더 샤드는 복합 용도로서 사무용 공간, 주거 시설, 호텔, 스카이라운지 등의 여러 기능을 담고 있다. 더 샤드는 영국을 유럽에서 가장 높은 건축물을 보유한 나라로 만들어주었지만, 계획 단계에서부터 많은 논란을 불러일으켰다. 그동안 런던을 상징하던 세인트 폴 대성당을 마치 장난감처럼 보이게 만들며, 문화재에 대한 고려가 전혀 이루어지지 않았다는 비난을 받았다. 그래서 이 건물을 허가해주었던 전 런던 시장이 재선에 떨어지는 일도 발생하였다. 또한 영국을 포함한 유럽인이 신뢰하는 건축가 렌조 피아노[6]의 윤리성마저 의심받았다.

이에 맞서 렌조 피아노는 "건축이 완전한 조화에 의존해서는 안 된다. 모든 사람이 만족하는 건물을 만들었다면, 그것은 곧 실패이다"라며 도시에 큰 건물이 새로 건립되면 긍정적 부조화를 낳는다는 논리를 폈다. 그의 오랜 동료 리처드 로저스는 "더 샤드는 웨스트민스터Westminster 다리에서 타워 브리지Tower Bridge에 이르는 서더크Southwark를 수직도시로 재생시킬 것이다. 이를 통해 런던의 새로운 명물이 될 것이다"라고 하며, 21세기의 새로운 도시 개념인 '수직도시'를 지지하였

—— 6

이탈리아 건축가 렌조 피아노는 2006년 미국의 주간지 《타임》에서 선정한 '전 세계에서 가장 영향력 있는 인물 100명' 안에 들 만큼 세계적인 건축 거장이다.

국가의 상징이 되다

© Mariondo

다. 사람들은 더 샤드에 대해 긍정하기도 부정하기도 하는데 대표적으로 영국 비평가 찰스 젱크스(Charles Jencks)는 "렌조 피아노는 런던 스파이어London Spires에 감명받았다 한다. 더 샤드는 좋기도 나쁘기도 하다"라고 말하였다.

　　대표적 반대 입장은 보다 민주적인 도시네트워크를 지향하는 운동 단체와 전통주의자인 찰스 왕세자로부터 시작되었다.

더 샤드
더 샤드는 72층 건물로 템스 강과 런던 중심부 전경을 한눈에 내려다볼 수 있는 새로운 랜드마크다.

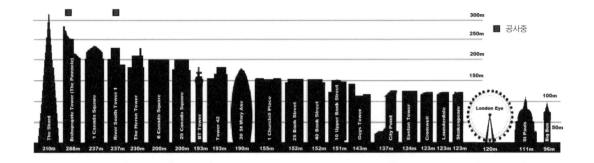

300m	
250m	■ 공사중
200m	
150m	
100m	
50m	

The Shard 310m
Bishopsgate Tower (The Pinnacle) 288m
1 Canada Square 237m
River South Tower 1 237m
The Heron Tower 230m
6 Canada Square 200m
25 Canada Square 200m
BT Tower 193m
Tower 42 193m
30 St Mary Axe 190m
1 Churchill Place 155m
25 Bank Street 152m
40 Bank Street 152m
10 Upper Bank Street 151m
Guys Tower 143m
City Point 137m
Euston Tower 124m
Cromwell 123m
Launderdale 123m
Shakespeare 123m
London Eye 120m
St Pauls 111m
Big Ben 96m

런던의 고층 건물들
경제적인 논리와 고전적인 랜드마크에 대한 반란으로 시작된 고층 건물들의 높이 경쟁은 앞으로도 계속 런던의 프로필을 업데이트할 것이다.

런던은 아주 우스꽝스러운 소풍 테이블로 변하는 것 같다. 우리는 이미 노먼 포스터의 '거킨 빌딩'을 가지고 있고 게다가 '더 샤드'라는 거대한 소금통까지 가지게 되었다.

– 찰스 왕세자(Prince Charles)

건축 비평가 피터 뷰캐넌(Peter Buchanan)은 "더 샤드는 저층부 설계가 미흡하며 고층부도 비례가 맞지 않고 우스꽝스런 모습이다. 더 샤드는 도시 조직의 연속성과 격의 가치에 대해 반대급부적이다"라고 말하였다.

더 샤드는 시작에 불과하다. 앞으로 2년 안에 200미터가 넘는 여러 채의 고층 건물이 런던 도심부 및 주변부에 완공될 것이다. 특히 런던 도심부에 지어지는 피나클The Pinnacle은 도심부에서 가장 높았던 헤론 타워Heron Tower의 높이 230.1미터를 경신하여 287.9미터의 높이로 2015년 완공을 앞두고 있다. 이런 빌딩들이 완공되면 런던은 유럽에서 가장 높고 화려한 스카이라인을 가진 도시가 될 것이다. 기존 문화재에 대한 조망축을 유지하고, 그 조망축을 비켜 가는 도심에 새로운 랜드마크를 더하면서 런던의 프로필은 새로이 그려지고 있다.

런던은 항상 새로움을 추구하며 007의 신무기 가젯처럼 새로운 기술을 적용한 랜드마크를 대중에게 선보여왔다. 보수주의자와 진보주의자가 끊임없이 논쟁하는 가운데 새로운 가젯은 다양한 방식으로 탄생한다. 더불어 예술가들의 길거리 문화를 통한 오래된 건물의 재생 방식도 상생하고 있다.

어찌 보면 우리나라의 개발 방식도 런던과 크게 다르지 않을 것이다. 그러나 결과적으로 달라지는 점은 만들어진 것의 품격과 기술적인 진보성이다. 또한 보행자에 대한 공공 공간의 배려이다. 건축의 기술적 진보와 공공 공간의 배려라는 두 마리의 토끼를 잡는 개발은 항상 실패하지 않는다. 이렇게 두 이슈를 만족하며 개발된 건축물은 지속 가능하다. 영국의 변화에는 옛것을 창조적으로 보존하며 새로운 기술을 적용하는 지혜와, 때로는 낭만적인 요소까지 담아 길거리 예술을 대중문화로 바꾸는 힘이 있다. 전통과 현대 사이에서 하이테크와 로우컬처의 상생을 통해 랜드마크는 계속 재정의되며 런던의 프로필에 디테일을 더할 것이다.

WASHINGTON MONUMENT

워싱턴 기념비,
국가적 상징과 일상의 여유

워싱턴 D.C. 프로파일

미국의 수도 워싱턴 D.C.에 자리한 내셔널 몰National Mall과 워싱턴 기념비 Washington Monument는 미국을 상징한다. 내셔널 몰의 광활한 광장에서는 많은 역사적인 일이 일어났다. 마틴 루서 킹 목사는 이곳에서 '나에게는 꿈이 있습니다 I have a Dream'라는 유명한 연설을 했고, 각종 사회문제에 관한 집회와 축제도 이곳에서 열렸다. 근처에 사는 사람들은 조깅 코스로도 이용한다. 로마의 평온기를 일컫는 팍스로마나Pax Romana 시대에 황제들의 업적을 기리는 공공의 공간 포럼forum이 만들어지고 포럼과 포럼이 맞닿아 아주 큰 광장이 형성되었듯이, 미국의 평온기라 칭할 수 있는 냉전 이후 팍스아메리카나Pax Americana 시대에 내셔널 몰은 공공의 공간으로 사랑받게 되었다.

　　내셔널 몰의 공원과 워싱턴 기념비가 만들어낸 프로파일은 마치 고대 로마의 포럼과 트라야누스(Marcus Ulpius Trajanus) 황제의 기둥이 만들어낸 것처럼 위로는 높고 아래로는 넓다. 광장은 일상의 여유를 선물하고, 워싱턴 기념비는 '미국의 빛'을 상징한다. 워싱턴 기념비는 그동안 미국이 참전한 여러 전쟁의 기념비와 어우러져 그 가치를 더하며 미국 프로필의 시작과 끝을 장식한다.

미국의 빛, 워싱턴 기념비

미국의 초대 대통령 조지
워싱턴

바티칸 성 베드로 광장에
세워진 고대 이집트의
오벨리스크

워싱턴 기념비는 미국의 초대 대통령 조지 워싱턴(George Washington, 1732~1799)을 기리며 만든 오벨리스크obelisk로 워싱턴 D.C. 시내에서 가장 높은 건축물이다. 본래 오벨리스크는 고대 이집트에서 태양신에 대한 상징으로 신전 앞에 세워둔 기둥이었지만, 이집트를 속주(屬州)로 삼았던 로마제국이 오벨리스크를 배로 실어가 광장 한복판에 설치하였다. 현재는 이집트보다 로마에 오벨리스크가 더 많을 정도다. 그후 서양에서 오벨리스크는 보편적으로 광장 가운데에 놓이는 사물로 인식되고 있다. 워싱턴 기념비도 형태의 기원과는 상관없이 미국의 빛을 상징하는 기념비로 가장 높이 솟아 있다. 이 오벨리스크는 어떤 빛의 재현일까?

조지 워싱턴 대통령은 1791년 워싱턴 D.C.를 미국의 수도로 정하고 프랑스 건축가 피에르 랑팡(Pierre L'Enfant)에게 워싱턴 도시 설계를 맡겼다. 그의 도시 계획에 따르면 워싱턴 기념비는 원래 백악관의 중심에서 남쪽으로 향하는 선과 국회의사당의 중심에서 서쪽으로 향하는 선이 교차하는 지점에 세울 예정이었다. 그러나 실제로 설립하려고 지반을 조사한 결과, 랑팡이 선정한 지역은 오벨리스크와 같은 대형 구조를 지지하기에는 지반이 불안정하여 현재의 자리로 옮겨지었다.

영국으로부터의 미국 독립전쟁(1775~1783)이 승리를 거두면서 워싱턴 기념비 건설 준비가 시작되었다. 하지만 미국 내 사정으로 기념비 건설 노력은 빛을 보지 못하다 1833년에 국립 워싱턴 기념비 협회Washington National Monument Society가 설립되면서 비로소 본격화되었다. 협회는 1836년 설계공모전에서 건축가 로버트 밀스(Robert Mills, 1781~1855)의 디자인을 채택하였다. 높은 오벨리스크 형태였다. 그는 오벨리스크를 원형 콜로네이드[1]로 둘러싸고, 그 안에 독립전쟁의 영웅 30명의 동상을 세워놓았다. 상단에는 마차를 타고 서 있는 워싱턴의 모습이 있었다. 밀스의 안에 따라 기념비의 기초공사를 위한 터파기가 1848년에 시작되었다. 초석을 놓는 기공식은 워싱턴이 소속돼 있던 세계적인 우애 단체 프리메이슨Freemason이 주최한 독립기념일 행사의 한 부분으로 진행되었다.

기념비 건설은 1854년까지 지속되었고, 비용 마련을 위한 모금 활동도 계속되었다. 미국 인디언 부족, 각종 협회와 단체, 기업 그리고 외국으로부터 가로 120센티미터, 세로 60센티미터, 두께 30~50센티미터인 돌도 기증받았다. 비오 9세(Pius IX)가 교황으로 있던 교황청에서도 대리석을 기부하였다. 그런데 1854년 3월, 반가톨릭파(Know-Nothings로 잘 알려진)와 이민배척주의회가 교황이 보낸 석재를 항의의 의미로 훔쳐서 포토맥 강에 버리는 사건이 일어났다. 이후 반가톨릭파가 협회를 장악하여 1858년까지 건립을 통제했으며, 기념비는 20년 가까이 예정의 3분의 1 높이로 남아 있었다. 기념비를 완성할 만큼의 자금도 모이지 않았고, 공적 지원도 시민들의 관심도 점점 끊겼다.

미국을 뒤흔든 남북전쟁(1861~1865)이 끝나자 사람들은 다시 기념비에 관심을 보이며 공사를 추진했다. 공사 재개를 앞두고는 디자인에 관한 논쟁이 다시 시작되었다. 원형 콜로네이드 건설에는 너무 많은 비용이 들었다. 협회는 먼저 오벨리스크를 세우면서 콜로네이드 건설 여부를 고민하였다. 많은 사람이 콜로네이드 없는 단순한 오벨리스크는 너무 황량하다고 생각했고, 건축가 밀스도 원형 콜로네이드

—— 1

천장 아래 대들보를 지탱하기 위해 일정한 간격으로 세운 기둥. 또는 이것으로 이루어진 긴 복도. 열주랑(列柱廊)이라고도 한다.

로버트 밀스의 워싱턴 기념비 초기안

워싱턴 기념비
워싱턴 기념비는 시각적인 랜드마크이자 조망 포인트이며, 궁극적으로는 미국의 빛을 상징한다.

를 생략하면 기념비가 '아스파라거스의 줄기'처럼 보일 것이라며 거부했다. 반대로 어떤 비평가는 더 보기 좋아질 거라고 말하기도 했다. 오벨리스크의 형태와 첨탑을 완성한 후, 건립 협회와 의회는 원형 콜로네이드 건설 문제를 놓고 토론을 벌였다. 협회는 다섯 개의 새로운 디자인을 검토했고, 마침내 협회 회원들이 콜로네이드를 제거하는 데 동의했다.

공사 재개 후 4년 만에 완공된 기념비는 1888년 10월 9일 대중에게 공개되었다. 대리석, 화강암, 그리고 청회색 사암으로 만든 이 기념비는 555피트(169미터)로 세계에서 가장 높은 석조 구조 오벨리스크였다. 더 큰 기념비적인 기둥들이 존재하지만, 그것들은 전부 석재가 아니거나 오벨리스크 형태가 아니었다. 완성과 동시에 워싱턴 기념비는 독일의 쾰른 대성당을 넘어 세계에서 가장 높은 석조 구조물이 되었다.

워싱턴 기념비는 워싱턴 D.C. 최고 높이를 자랑하며 시각적으로 랜드마크 역할을 한다. 종종 번개의 타깃이 되나 그 덕분에 내셔널 몰 지역의 피뢰침 역할도 한다. 기념비 근처에 올라서기만 해도 백악관까지 볼 수 있으며, 워싱턴 시내 전체를 둘러보기에도 더없이 좋은 조망 포인트이다. 워싱턴 기념비는 미국의 빛을 상징하며 백악관, 국회 의사당, 박물관, 그리고 여러 기념비를 아우르며 서 있다. 그러나 5년 뒤, 거의 2배나 더 높은 프랑스 파리의 에펠탑에 높은 구조물로서의 상징성을 내주었다. 미국은 기술적인 자존심에 상처를 입었을까? 내셔널 몰의 수평성을 보면 딱히 그러지 않은 것 같다.

민주주의를 품은 공원, 내셔널 몰

국회의사당 방향에서 바라본
내셔널 몰

현대 이전의 기념관은 수직적 형태가 대다수이다. 워싱턴 기념비도 이러한 경향에 따라 오벨리스크 형태를 취한 것이다. 그러나 현대에 들어서면서 건축적으로 수평적 형태가 도입되었고, 이러한 수평성은 민주성을 대변하며 문화적으로 성숙한 사회 변화를 반영하였다. 미국을 상징하는 대표적인 광장 내셔널 몰이 이 같은 현대적 특징을 잘 드러낸다. 수평으로 넓게 자리 잡은 공원과 낮은 기념비들, 그리고 우뚝 솟아 대비되는 오벨리스크의 모습은 국가적 상징과 더불어 일상의 여유를 느끼게 해준다.

1922년 링컨 기념관Lincoln Memorial 완공과 함께 골격을 잡아가기 시작하여 1966년에 역사 유적지로 승격된 내셔널 몰은 공원, 박물관, 기념관 등이 있는 종합 광장이자 기념관의 집적지이며 미국 정치와 역사의 현장이다. 미국 최고의 미술관, 박물관 등에 무료로 입장할 수 있어 대규모 교육의 장이라고도 할 수 있다. 대표적인 곳으로는, 국립 미술관, 자연사 박물관, 항공 우주 박물관이 있으며 연간 1,000만 명의 관람객이 다녀가는 워싱턴의 가장 인기 있는 장소 중 하나이다. 링컨 기념관은 내셔널 몰의 서쪽 끝에 세워져 있고, 토머스제퍼슨 기념관, 베트남전쟁 기념비, 한국전 참전 용사 기념비 등도 내셔널 몰의 명소로 자리 잡고 있다. 미국의 경제전문지《포브스Forbes》는 2009년 미국에서 가장 인기 있었던 관광지 열 곳을 조사해 발표하였는데, 내셔널 몰은 2,500만 명이 방문해 뉴욕 타임스스퀘어(3,760만 명), 라스베이거스 스트립(3,000만 명)에 이어 3위를 차지했다.

내셔널 몰은 미국의 역사와 과학, 미술 등을 교육하는 장으로서

뿐 아니라 넓은 공원이 있어서 집회와 축제의 장소로도 적합하다. 역
사적으로 가장 주목할 만한 예로서 1963년 흑인계 미국인들의 권리
에 대한 정치적 집회에서 마틴 루서 킹(Martin Luther King, 1929~1968)
목사가 '나에게는 꿈이 있습니다(I have a dream)'라는 유명한 연설을 한
것을 꼽을 수 있다. 또한 공식적으로 가장 큰 집회가 열린 것은 50만
명이 모인 1969년 베트남전쟁 반대 집회이다. 매해 7월 4일 독립기념
일에는 오벨리스크와 링컨 박물관 사이에서 독립 퍼레이드와 미국 최
대 규모의 불꽃놀이가 축제 분위기를 고조하며 행해지고 있다. 2008

년 대통령 취임 위원회는 보안 문제에도 불구하고 내셔널 몰 전체를 오픈하여 오바마 대통령 취임식을 볼 수 있도록 하여 내셔널 몰이 지닌 민주주의의 상징성을 부각하기도 했다.

　　과거 미국 대통령들의 코멘트도 주목할 만하다. 프랭클린 루스벨트(Franklin Delano Roosevelt, 1882~1945)는 "내셔널 몰만큼 미국다운 것은 없다. 공원의 기본 개념은 '이 나라는 국민에게 속한 것이다'이다"라고 말하였고, 아이젠하워(Dwight David Eisenhower, 1890~1969)는 이러한 장소에 아름다움과 역사적 기억을 보존하는 움직임은 내셔널 몰에서 출발하였으며 유럽, 아시아, 아프리카, 라틴아메리카 등에서 이를 뒤따라 만들었다고 말하였다. 케네디(John Fitzgerald Kennedy, 1917~1963)는 미래 세대가 미국 역사의 중요성을 알도록 이러한 공간을 만드는 것이 의미 있다고 하였다. 조지 부시(George H. W. Bush) 역시 위대한 땅의 웅대한 아름다움을 즐길 수 있는 장소라며 자부심을 고취하였다.

　　내셔널 몰은 1850년 후반까지만 해도 채소를 재배하고 목재를 쌓아놓는 장소였다. 하지만 지금은 오벨리스크와 더불어 국가적 상징물로 자리 잡고 있다.

일상에서의 전쟁 기념비

1976년, 미국 독립 200주년을 기념하여 주요 기념비들이 추가되면서 내셔널 몰의 상징성은 더 커졌다. 1982년에는 베트남전쟁 기념비가, 1997년에는 한국전쟁 기념비가 들어섰다. 이 둘 모두 수평성을 강조

하는 기념비였다. 그러나 2004년 제2차 세계대전 기념비가 워싱턴 기념비와 링컨 기념관의 동서축에 놓이면서 건축적 디자인과 상징성에 영향을 미쳤다. 베트남전쟁 기념비가 추상적인 디자인으로 조경 요소를 적극적으로 도입했고, 한국전쟁 기념비가 조각적 구상을 더했다면, 제2차 세계대전 기념비는 전통적인 형태의 기념비로 회귀한 성격이다. 규모상 크게 도드라져 보이지 않아 수평적이긴 하지만 전통적인 분수와 더불어 작위적인 느낌이 강하다.

어떤 기념비가 진실한 감동을 전해줄 수 있을까? 워싱턴 기념비가 높이로서 강한 메시지를 전달하는 방식이라면, 내셔널 몰의 현대 기념비들은 공원과 어우러지도록 배치하여 공원을 이용하는 사람들이 부지불식간에 일상에서 기억을 떠올리며 의미를 곱씹을 수 있도록 수평적이다. 특히 베트남전쟁 기념비와 한국전쟁 기념비가 그러하다.

당시 하버드 건축대학원 학생이었던 마야 린(Maya Lin)[2]이 제출하여 설계공모전에 뽑힌 베트남전쟁 기념비 안은 전쟁 영웅의 역동적인 모습을 표현하지 않고 새로운 방식으로 기념성을 추구한, 전쟁 기

제2차 세계대전 기념비
내셔널 몰은 공원, 박물관, 기념관 등이 있는 종합 광장이자 기념관의 집적지이며 미국 정치와 역사의 현장이기도 하다.

—— 2
1959년 미국에서 태어난 중국계 미국인 건축가이자 예술가 마야 린은 조각과 설치미술 작품으로 잘 알려져 있다. 가장 유명한 작품은 워싱턴 D.C.에 있는 베트남전쟁 기념비이다.

넘비 디자인 역사에 한 획을 그은 제안이었다. 이 기념비는 수직으로 솟아 남성적 권위와 영예를 상징하는 대부분의 기념비와는 달리 수평적이다. 베트남전 참전 용사들이 반전 운동, 명예롭지 않은 종전과 정부에 대한 불신 등으로 제2차 세계대전 참전 용사들과 같은 요란한 환영은커녕 냉대를 받았던 것은 잘 알려진 사실이다.

마야 린은 전쟁의 가장 큰 비극은 개인의 죽음이라고 보고, 경사진 산책로를 통하여 그 침묵과 슬픔의 무게를 전한다. 제일 낮은 곳에는 검정색 벽에 죽은 참전 용사들의 이름이 기록되어 있고, 점점 위로 올라오면 공원의 일상이 펼쳐진다. 전통적인 기념비와 달리, 전쟁 희생자들의 슬픔을 관람자가 서서히 느끼고 일상화하게 한 것이다.

반면 한국전쟁 기념비는 굉장히 구체적으로 전쟁 상황을 재현하며 낯선 땅에서 미국 병사들이 겪은 고뇌를 표현하고 있다. 초기안에서는 38선과 38개월에 걸친 한국전쟁을 상징하는 38명의 미군이 한 줄로 서서 성조기를 향해가는 모습이었지만, 최종안에서는 무릎을 꿇고 있거나 소총을 들고 전진하는 등의 여러 자세를 취한 육군, 해군, 공군, 해병대 병사를 다양한 인종으로 구성하여 훨씬 구체적으로 표현하였다.

이 새로운 배열은 곡선을 보다 많이 이용하여 주변의 굴곡진 조경과 어울리게 하려는 변화이기도 했다. 이를 통해 당시의 군복이나 무기 등을 정확하게 재현했다. 군인들에게 모두 군용 비옷을 입혀 사실적이고 정확하게 묘사하면서도 전체적인 통일감을 살렸으며, 가장 치열한 전투가 벌어졌던 북한의 추위를 상기시켰다. 평범한 군인들의 고뇌가 그대로 느껴진다.

내셔널 몰은 워싱턴 기념비, 링컨 기념비, 전쟁 기념비 등이 넓은

베트남전쟁 기념비와 관람객의 상호 작용
베트남전쟁 기념비는 수직적인 워싱턴 기념비와 다르게 수평적이다. 서서히 땅 아래로 걸어 내려가는 침잠을 통해 관람객이 검정 대리석에 비친 자신의 모습을 보며 전쟁으로 희생된 이들을 추모하게 한다.

국가의 상징이 되다

한국전쟁 기념비
한국전쟁 기념비는 38명의 병사가 정찰하는 모습을 구체적으로 조각하여 참전 군인들의 고뇌를 그렸다.

공원에 배치되어 각국 관광객이 빼놓지 않고 들르는 관광 명소이기도 하지만 단지 기념비들이 들어선 장소가 아니라 일상적인 경험을 포함하는 공간이다. 또한 다양한 활동이 일어나는 축제의 장, 시위의 장, 연설의 장으로 시민의 문화 생활 공간이자 역사를 기억하는 공유의 장으로서의 랜드마크이다.

전쟁에 대해 책을 쓴 후지와라 기이치(藤原帰一)는 "잊지 않기 위해 기억하는" 작업은 "생각해낸다는 명분 아래 새롭게 알아가는" 작업이라고 하였다. 과거의 사건과 인물, 그들의 체험에 대해 기억하는 것은 바로 새로운 역사를 획득하는 것이다. 기념비는 단순히 그 역사를 재현하는 것보다는 사람들이 기억을 나눌 수 있도록 감동을 주어야 한다. 워싱턴 기념비가 전근대적인 시대에 높이로써 그 의미를 표출하였다면, 내셔널 몰은 수평적인 넓은 공간에서 현대적인 기념비의 일상성을 더하며 개개인에게 감동을 주고 있다.

부지런한 관광객들은 하루 동안 내셔널 몰의 주변에 있는 항공우주 박물관, 자연사 박물관, 국립미술관 등을 거쳐 여러 기념비와 백악관 앞까지 다양한 시간이 압축된 공간을 탐닉한다. 마치 타임머신을 타고 미국의 독립부터 달에 도달한 우주 여행까지 하루 만에 치른 느낌이다. 볼거리와 더불어 대통령, 행정부, 입법부, 사법부가 모여 있는 내셔널 몰 주변은 사회체계의 균형까지 느끼게 해준다. 과연 우리나라에서 이런 형국을 창조할 기회가 있을까? 여러 시설들이 흩어져 있는 우리나라에서는 불가능할 것이다. 내셔널 몰은 우리나라에서뿐만 아니라, 전 세계 어느 곳에서도 시도해보지 못한 공간성을 지니고 있다. 이렇듯 전 세계에서 유일무이한 내셔널 몰의 응축된 시간의 공간성은 신생국으로서의 포부를 표현하고, 워싱턴 기념비는 이러한 거대 공간의 랜드마크 역할을 하며 워싱턴 D.C.의 프로필을 그리고 있다. 워싱턴 기념비가 완공된 후 110여 년에 걸친 짧으면서도 일사분란했던 팍스아메리카나의 헤게모니와 시간이 만든 프로필이다.

예 술 적
신 념 을
담 다

SYDNEY
OPERA HOUSE

시드니 오페라하우스와

해양 낭만

시드니 프로파일

호주 원주민인 애버리지니Aborigine의 후예를 제외하면, 호주의 모든 국민은 이민자의 후손이다. 1788년 영국이 유배지로 개척한 이래 여러 나라에서 다양한 사연을 안고 험한 바다를 건너 온 이들이 정착하여 지금의 호주가 되었다. 대륙에서 멀리 떨어진 호주인에게 해양 낭만은 대륙에 대한 동경과 더불어 자기 땅에 대한 애정 표현이다.

시드니 오페라하우스도 바다로 뻗어 있는 곳에 위치하여 바다를 향해 아름다운 풍경을 자랑한다. 오페라하우스가 육지에 등을 보이고 바다를 향해 있듯이, 바다를 빼놓고는 호주의 건물을 얘기하기 어렵다. 비록 일반 건물 15층 정도에 해당하는 65미터의 높이로 전통적 랜드마크 건물에 비해서는 키가 작지만 완공 이래 방문자가 820만 명을 넘을 정도로 랜드마크 역할을 톡톡히 하고 있다.

오페라하우스는 키가 작기 때문에 도심에서 바라보면 고층 건물들에 가려 제 모습을 볼 수 없다. 오페라하우스의 진면목을 보려면 어느 정도 거리가 필요하다. 가장 훌륭한 장면은 배를 타고 나가서 도시를 배경으로 바라볼 때 나타난다. 많은 랜드마크가 도시 최고의 높이를 자랑하며 위용을 뽐내는 반면, 시드니 오페라하우스는 그런 높은 건물들을 자신의 배경으로 만들어 도드라지는 자신만의 방식을 취하고 있다. 오페라하우스는 바다를 향한 호주인의 열망이자 바다에서 바라보는 이를 위한 낭만적 손짓이다.

풍운의 건축가 요른 웃손

영국 출신 지휘자 유진 구센스. 그는 1947~56년 시드니 심포니 오케스트라의 지휘를 맡았다.

오페라하우스를 건축하려는 계획은 1940년대부터 시작됐다. 전쟁을 겪고 난 뒤의 시드니에는 대형 전문 공연장이 필요했다. 이에 시드니 음악원장이었던 유진 구센스(Eugene Aynsley Goossens, 1893~1962)[1]가 정부를 설득하여 대규모 공연 시설을 건축하기로 했다. 구센스는 1954년에 뉴사우스웨일스 주(州) 조셉 케이힐(Joseph Cahill) 총리의 전폭적인 지원을 받아냈다. 구센스는 오페라 극장을 반드시 베넬롱 포인트Bennelong Point에 지어야 한다고 주장했고, 그의 의견에 따라 베넬롱 포인트에 지을 오페라하우스 공모전이 개최되었다.

1956년 오페라하우스 디자인 공모전의 응모 요강은 3,000명을 수용할 수 있는 큰 홀과 1,200명을 수용할 수 있는 작은 홀을 구성하라는 것이었다. 32개 나라에서 233건의 응모작을 보내왔다. 3명의 심사위원이 어느 정도 안을 추려놓았을 때, 심사위원 이에로 사리넨(Eero Saarinen, 1910~1961)이 탈락된 안들을 다시 살펴보다가 요른 웃손(Jørn Oberg Utzon, 1918~2008)의 조금은 허술한 설계도를 골라냈고, 사리넨의 적극적인 추천으로 결국 요른 웃손이 1등으로 당선되었다.

디자인 공모전에 제출한 요른 웃손의 스케치(1956년)

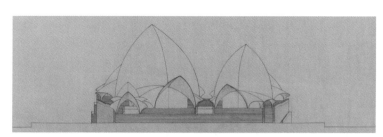

예술적 신념을 담다

덴마크 사람인 웃손은 당시 인지도가 낮은 홈 인테리어 디자이너에 불과했고 시드니 오페라하우스는 그의 첫 건축 작품이었다. 웃손은 스톡홀름을 여행하다가 잡지에 실린 건축 공모전 소식을 보았다. 그는 시드니를 방문해본 적도 없이 시드니 출신 여성 몇 명의 묘사를 듣고 이 설계도를 만들었다. 6개월 후 자신의 작품이 선정된 소식을 전해 들은 웃손은 그해 7월 29일 처음으로 호주를 방문해 뜨거운 환영을 받았다. 어느 호주 여성잡지는 그가 할리우드 스타 게리 쿠퍼를 닮았다고 보도하기도 했다.

호주를 방문할 때 웃손은 덴마크에서 만든 시드니 오페라하우스의 나무 모형을 들고 왔다. 이 모형은 시드니 시청에 전시되어 있는데, 실제 시드니 오페라하우스와 적지 않은 차이가 있다. 모형 속 오페라하우스의 지붕은 자유로운 포물선이지만 이를 실제로 건설하는 데는 많은 어려움이 있었기에 지금은 모습이 다르다.

1958년 3월 덴마크의 엔지니어링 컨설턴트 오브 아럽(Ove Arup)이 웃손과 함께 시드니를 방문한 뒤 '레드 북Red Book'이라 불리는 시드니 오페라하우스의 디자인 초안이 공개되었다. 1959년 3월부터는 베넬롱 포인트에 오페라하우스를 건설하는 데 필요한 준비가 시작됐다. 그러나 불행하게도 조셉 케이힐이 몇 달 후 병사하고 말았다. 웃손을 전폭적으로 지지해주던 첫 번째 인물을 잃은 것이었다.

시드니 오페라하우스는 삼면이 바다로 둘러싸인 곳과 같은 대지에 약 9미터 높이의 기단을 두어 자연 조망을 확보하였다. 또한 시드니 하버브리지Sydney Harbour Bridge와 반경 2.5킬로미터 지역을 완충 지역으로 설정하여 랜드마크 역할을 할 오페라하우스의 시각을 확보하였다. 2007년에는 유네스코 세계문화유산으로 지정되어 그 주변지대의

01

건물 높이 규제가 매우 엄정하게 지켜진다. 이로써 고층 건물이 즐비한 주변 도시를 배경으로 하는 작은 오페라하우스의 랜드마크 프로파일이 형성되었다.

시드니 오페라하우스는 기단부 위의 벽과 일체화된 지붕 디자인으로 독특한 외관을 이룬다. 웃손의 대담하고 독특한 지붕 디자인을 현실에 구현하기 위하여 구(球)를 활용한 해법을 찾아내 자연기하학적 조형을 성공적으로 적용하였다.

건축역사가 지그프리드 기디온(Sigfried Giedion, 1893~1968)은 "피라미드, 파르테논, 판테온의 건축은 항상 기하학적 비례와 밀접한 관계가 있다. 고도의 기하학 형태나 유기적 형태에 이러한 사실을 적용할 수 있으며, 현대건축에도 여전히 유효하다. 시드니 오페라하우스

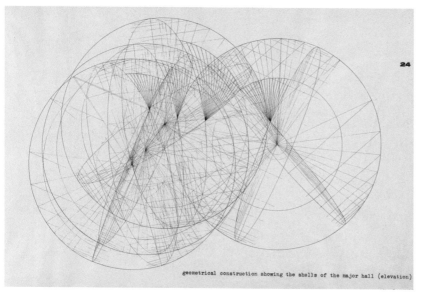

geometrical construction showing the shells of the major hall (elevation)

02

01
시드니 오페라하우스
오페라하우스는 높은 기단과 주변의 높이 규제를 통하여 그 규모가 작음에도 랜드마크 프로파일을 형성할 수 있었다.

02
오페라하우스의 지붕에 적용된 기하학(1962년)
오페라하우스는 건축과 기하학의 긴밀한 연관성을 다룬 대표적인 건축물이다.

가 지닌 진정한 가치는 영원한 건축 법칙, 즉 건축과 기하학의 긴밀한 연관성을 다루고 있다는 점이다"라며 시드니 오페라하우스에서 구현된 기하학 법칙을 크게 평가하였다. 여기에서 건축에는 실용적인 기능 이상의 형태표현적인 가치가 필요함을 짐작할 수 있다. 시드니 오페라하우스는 실용적인 측면을 넘어서는 형태 원리에 따른 표현의 정수이다.

지붕구조는 일정 곡률을 가지면서도 형태적으로 다양한 형상을 지니며, 표준화되어 반복적으로 시공되었다. 현상설계 당시 웃손의 제안은 손으로 그린 감성적인 스케치가 전부였으나, 지붕의 표준화된 구조를 만들기 위해 오브 아럽과 많은 실험을 하여 결국 현실화된 구조에 의해 랜드마크의 프로파일을 완성하였다.

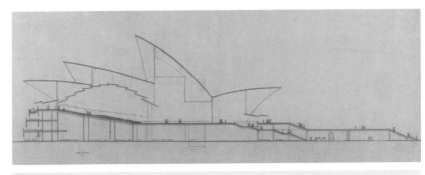

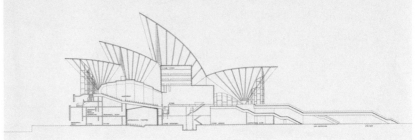

03
04

기술 그리고 민심과의 싸움

레드 북 발표 이후 웃손은 2년 동안의 재설계를 통해 도면과 모델, 이미지, 스케치를 지속적으로 제시하며 자신의 안을 실현하고자 했다. 여러 시도를 하는 와중에 지붕구조의 해결책은 의외로 일상적인 발견에서 나왔다. 웃손이 오렌지를 먹으려고 껍질을 까다가 지붕구조를 오렌지 껍질과 같은 쉘shell 형태로 하면 되겠구나 생각했던 것이다. 웃손은 오렌지 껍질을 이리저리 놓으며 지붕 디자인을 수정했고 곧바로 기술적인 해결을 의뢰하였다.

오렌지 껍질을 기술적으로 보강하기 위해 웃손은 중세 고딕성당

05

에 사용되던 곡선형 보와 같은 리브볼트Rib Vault를 케이블로 보강하여 아치처럼 세우는 안을 제시하였고, 오브 아럽의 도움으로 지붕을 세울 수 있는 기술을 확보하였다. 전체적으로 갈비뼈 형태의 뼈대를 세워 지붕을 지지할 수 있는 바탕을 만든 것이다. 그러나 리브볼트가 도입된 쉘 구조 또한 단일 외피로는 휘는 힘을 감당하기 어려웠다. 그래서 도입된 것이 이중 외피였으며, 이것으로 쉘이 제대로 설 수 있게 되었다.

그러나 구조적인 문제를 해결하고 보니 다른 문제가 불쑥 대두되었다. 아치를 이루는 리브볼트들이 규격화되지 못하고 그 모양이 제각기 다 다르다는 것이었다. 결국 또다시 공사기간이 늘어나고 비

03
웃손이 디자인 공모전에 보낸
초기 오페라하우스의 횡단면
스케치(1956년)

04
레드 북에 수록된
오페라하우스의 횡단면
스케치(1958년)

05
요른 웃손과
시드니 오페라하우스의 모형
오페라하우스의 지붕은 오랜
기간에 걸쳐 수정되었다.

06　07

용이 기하급수적으로 증가하기 시작했다. 사실 초기에 예상했던 총
건설비가 700만 AUD(호주달러)였는데 기단부 축조가 끝난 시점에 이
미 550만 AUD가 공사에 투입되었다. 현재 우리가 보는 빛나는 지붕
은 이렇게 우여곡절 끝에 만들어졌다. 웃손은 시드니 오페라하우스가
바다와 어울려 하늘 속 구름처럼 보이길 원했다. 이를 표현할 재료로
동양건축에 심취해 있던 그가 발견한 것이 바로 도자기였다. 그는 스
위스의 도자기 업체인 호가나스를 선택해 외장 재료를 들여왔다. 재
료의 표면이 매끄러우면서도 유리만큼 반사가 심하지 않아 건물 외부
를 덮기에 안성맞춤이었다.

　　웃손은 1963년 2월에 사무실을 시드니로 옮기고 공사에 매달렸
다. 하지만 공사기간이 계속 늘어나며 비용 또한 천정부지로 치솟았
고, 호주 내의 국민 여론도 매우 악화된 상태였다. 정권이 교체된 후부
터는 주 정부에서 웃손과 그의 팀을 추궁하며 건설 과정에 계속 개입
하는 등 웃손의 디자인을 불신하기 시작했다. 웃손이 지붕 공사에 필
요한 합판 경비를 신청했을 때는 허락조차 하지 않았다. 주 정부는 오

페라하우스에 들어갈 비용을 지속적으로 절감했고 웃손은 무일푼이 되었다. 정부에서는 심지어 웃손의 모든 계획안을 반대하기에 이르렀다. 결국 그는 3년 만에 사직하였다. 정부가 웃손에게 디자인 결정권을 포기하고 자문 역할만 할 것을 제안했고, 건축가로서 뚝심이 있는 웃손은 이를 사직권고로 받아들인 것이다.

웃손이 사임하고 건축가가 교체되는 사이 호주에서는 지역 건축가들을 비롯한 건축대학 학생들과 건축인 그리고 일부 시민이 웃손을 쫓아낸 정부에 항의하는 움직임이 있었다. 항의 집회에 이어 3,000명의 서명이 담긴 청원서가 주 의회에 전달되었다. 그러나 웃손은 그렇게 떠난 후로 다시는 시드니를 방문하지 않았고 죽을 때까지 실물 오페라하우스를 보지 않았다. 그러나 그가 상상한 시드니 오페라하우스의 모습은 지금과 크게 다르지 않다. 호주의 사라져가는 해양 문화적 서사를 되살리는 데 주력했던 그는 이렇게 말했다.

> 오페라하우스는 시드니 항구에 대한 극적이고 창조적인 대응이다. 나의 디자인은 그 장소에 최적이다. 우리는 바다를 극적으로 이용했고 다리로부터의 광경을 상상하면서 6개월간 일했다. 오페라하우스는 낮과 밤의 일주에서 중심 역할을 하는 조각품이다.

오페라하우스에 대한 오마주, 오로라 플레이스

호주와 뉴질랜드에서 가끔 일어나는 오로라 현상[2]은 그곳 사람들에게 신비스러운 일로 여겨진다. 실제로 뉴질랜드의 원주민 중에는 오

태양에서 방출된 대전입자 일부가 지구 자기장에 이끌려 대기로 진입하면서 공기 분자와 반응하여 빛을 내는 오로라 현상. 이 신비하고 아름다운 기상 현상은 맑고 캄캄한 밤하늘에서 가장 잘 볼 수 있다.

로라를 자주 보기 위하여 북유럽 쪽으로 이동하는 부족도 있을 정도다. 건축가 렌조 피아노가 오로라 플레이스Aurora Place를 의뢰받았을 때, 그는 오로라 현상과 시드니 오페라하우스, 이 둘에 대한 열망과 오마주를 표현하고자 했다. 또한 오로라 플레이스에서 가까운 거리에 있는 오페라하우스의 돛 모양에 담겨 있는 시드니 해양 문화의 은유를 반영하고자 했다.

오로라 플레이스와 시드니 오페라하우스는 서로 800미터 정도 떨어진 가까운 거리에 위치해 있다. 주어진 대지 주변의 강력한 랜드마크와 맞닥뜨렸을 때, 그것을 어떻게 대할 것인가 하는 문제는 건축가에게 중요한 화두이다. 렌조 피아노는 시드니 오페라하우스의 구상적인 이미지와 대비되도록 추상적이면서 정해진 형태가 없는 현상에서 모티브를 얻었다. 그것이 바로 뉴질랜드와 호주에서 가끔 일어나는 오로라였다.

그는 오로라의 이미지를 건축물에 구현하기 위해 동측과 서측 입면(立面)을 커튼 월Curtain Wall3로 구성하고, 시드니 오페라하우스의 지붕 표면에서 영향을 받아 입면에는 우윳빛이 도는 유리Milky White Fritted Glass 재질을 사용했다. 이는 세라믹 타일 위에 몇 개의 유리층을 덧씌워서 오로라의 아른거리는 이미지를 표현하기 위함이었다. 특히 건물의 상층부는 우윳빛 면을 더 강조하고 유리의 투명한 면을 줄임으로써 건물 윗부분이 하늘로 사라지는 듯한 시각적 효과를 만들어냈다. 점진적으로 변화하는 곡면과 굴절률로 인해 건물의 파사드facade4에서 오로라 심상이 만들어지게 한 것이다.

오페라하우스의 낮은 프로파일과는 대조적으로 오로라 플레이스의 곡면은 수직적이다. 고층화가 불가피한 사무용 건물이기 때문이다.

3
기둥과 보의 골조만으로 수직 하중과 수평하중을 감당하는 건물에서 벽체는 공간을 나누는 칸막이 구실만 한다. 이런 벽체를 커튼 월이라고 하며 공장에서 대량 생산한 규격화된 패널을 들어올려 붙이는 식으로 작업한다. 주로 고층 건물에 사용한다.

4
건축물의 정면부로, 종종 그 건물에서 가장 중요한 디자인 요소가 되기도 한다.

오로라 플레이스
오로라 플레이스는 오페라하
우스의 오마주를 모티브로 하
여 건축가 렌조 피아노에 의해
탄생하였다.

두 건물은 해양 문화라는 동일한 심상을 대조적으로 표현함으로써, 시드니에 양립하는 도시 프로파일을 만들었다. 오페라하우스가 표현적인 건축의 대표작으로서 해양 문화의 구상적인 형태를 연상시킨다면, 오로라 플레이스는 오로라의 유동적인 이미지를 물질화한 것이다.

해양 낭만의 구현

웃손은 자신의 디자인 모티브가 바다 위의 고원과 구름이라고 하였다. 그가 제출하여 당선된 초기의 스케치는 이러한 점을 잘 보여주고 있다. 그러나 너무 표현적인 설계를 한 탓에 기술 그리고 민심과 힘겨운 싸움을 벌여나가야 했다. 실현 과정에서 숱한 어려움과 직면했지만 웃손은 초기의 제안대로 수평선에 돛을 단 듯한 해양적인 이미지를 만드는 것만큼은 포기하지 않았다. 이 집념이 오페라하우스가 결국 전 세계적인 랜드마크가 될 수 있도록 만든 원동력이었다. 웃손이 그토록 이루고자 했던 오페라하우스의 이미지는 시드니의 마천루들과 대비되며 그 자체의 독자성을 한층 더 두드러지게 한다. 사실 현대 건축에서 도시의 랜드마크들은 높이를 강조하는 경우가 매우 많다. 그러나 오페라하우스는 그에 역행하는 랜드마크이다. 높이 치솟은 도시를 배경으로 하되 한편으로는 넓은 바다가 펼쳐져 있기에 높이에서 자유로울 수 있었던 것이다.

웃손의 최초 설계 이후 40여 년이 지난 2000년대에 렌조 피아노는 이러한 웃손의 생각에 그 누구보다도 가까이 다가갔던 건축가였다. 오로라 플레이스 최상부의 모습은 웃손이 상상했던 시드니의 심상에 오로라 현상을 가미하여 수직으로 해양과 자연의 이미지를 구현한 것이다. 오로라 플레이스는 시드니 특유의 수평선과 오페라하우스, 시드니의 항구와 다리 등이 만들어내는 해양의 심상을 건물 상부에 적용함으로써 기존의 고층 건물이 오페라하우스의 배경 역할만 하는 현상에서 탈피하였다. 건물 상부가 만들어내는 비대칭적인 모습은 동시에 저층부의 도시 맥락에 따른 배치를 이끌어냈다. 돛의 형태를 딴 비대칭적 곡선 입면을 저층부에도 그대로 적용하여 오페라하우스를 오마주하며 도시의 이미지를 재창조한 것이다.

오페라하우스의 내부

오페라하우스 건설 과정에서 웃손은 정치적·경제적 어려움 때문에 예술적 신념을 모두 실현하는 데 난항을 겪어야 했다. 동서양의 건축 양식을 접목하여 단청처럼 색을 칠해 만들고자 했던 웃손의 메인 홀 인테리어는 결국 실현되지 못했다. 이와 비슷한 일들은 계속 반복되고 있다. 미국의 유명한 필라델피아 오케스트라의 공연장인 킴멜센터Kimmel Center는 서울의 종로타워를 설계한 라파엘 비뇰리(Rafael Viñoly)가 설계하였다. 필라델피아의 벽돌 재질의 느낌과 첨단 기술이 결합한 작품이다. 비뇰리는 공사 지연과 설계비 상승을 이유로 오케스트라에 의해 고소를 당했다. 결국 중재를 통해 분쟁은 해결되었으나, 이처럼 많은 사람에게 사랑받는 건물의 수난은 당사자 간의 이해관계로부터 시작된다. 건물은 주인과 건축가가 계획하고 만들어가지만, 익명의 사람들에 의해 사랑받고 평가된다는 것을 여실히 보여주는 것이다.

오페라하우스의 단면 계획
(1966년)

한강에서도 비슷한 일이 진행중이다. 한강르네상스사업의 일환으로 만들어진 세빛둥둥섬은 서울시 소유이지만 방치 중이다. 이미 전시행정이라고 매스컴의 호된 매를 맞은 상태이지만 대책 없이 2년

오페라하우스의 스카이라인

이상 방치하고 있는 것이 더 문제이다. 항상 공간 부족으로 시달리는 서울의 도심에서 서해안 간척지와 같은 새로운 공공 공간이 만들어졌건만 잘못된 랜드마크의 예로 낙인찍혀 이용하지 못하고 있는 실정이다. 없어져야 하는 가설구조물이라는 이야기까지 나오고 있다. 한강을 명품으로 만들고자 지었던 세빛둥둥섬은 서울시 정책의 실패로 여겨지며 건물마저 도매금으로 평가절하되었다.

예술적 신념을 담다

　　그러나 정책 실패로 여기며 빈 집으로 방치하는 것이 최선의 해결
은 아니다. 시드니 오페라하우스로부터 배울 점은 건물의 위치뿐만 아
니라 그 배경을 이루는 도시의 높이까지 조율한, 낮은 랜드마크에 대
한 건축주, 건축가의 의지와 시민의 배려까지의 모든 과정이다. 도시의
프로필은 건축가, 행정가, 그리고 시민들이 함께 그려나가는 것이다.

GUGGENHEIM MUSEUM

구겐하임 미술관,

건축을 담다

구겐하임 프로파일

스페인 빌바오의 구겐하임 미술관Guggenheim Bilbao Museum은 랜드마크로서의 파급효과로만 따지면 단연 세계 최고이다. 에펠탑이 싫어하는 것도 오래 보다보면 좋아하게 되는 현상을 가리키는 '에펠탑 효과'라는 말을 만들어냈듯이. 이곳은 이목을 끄는 건물을 건설하여 도시에 새로운 명물을 만드는 전략을 뜻하는 '빌바오 효과'라는 말을 탄생시켰다.

빌바오보다 40여 년 앞선 뉴욕의 구겐하임 미술관The Solomon R. Guggenheim Museum 역시 미술관의 새로운 전형을 선보이면서 독특한 외관으로 예술적 이미지를 표현한 바 있다. 이처럼 구겐하임 재단에 속한 미술관들은 시대를 앞서가는 디자인으로 20세기의 아방가르드한 예술과 건축을 선호하였던 구겐하임 컬렉션을 상징적으로 표현해왔다. 또한 구겐하임 재단은 예술 후원과 더불어 건축을 담은 미술관으로 각 도시에 랜드마크를 형성해왔다. 마치 르네상스 시대에 메디치 가문Medici family이 예술가와 건축가 들을 후원하며 피렌체를 르네상스 예술의 메카로 만든 것과 비슷하다.

현재 구겐하임은 근현대 미술의 장을 열고 있다. 예술의 주요 거점이 되는 세계도시에 지은 구겐하임을 통해 낯설지만 창조적인 예술과 건축이 세상에 등단할 기회를 만들고 있다.

유럽에서 르네상스 시대부터 금융업으로 크게 성장한 메디치 가문의 코시모(Cosimo di Giovanni de' Medici, 1389~1464), 피에로(Piero di Cosimo de' Medici, 1416~1469), 로렌초(Lorenzo di Piero de' Medici, 1449~1492)는 예술가를 후원하며 당대 예술을 부흥시켰다. 이들은 예술가들의 작품을 사주고 실력 있는 예술가라면 누구든 들어와 작업할 수 있도록 자신의 집을 제공했다. 유력 귀족과 왕족에게 예술가를 추천하거나 작품 의뢰를 부탁하기도 했다.

미켈란젤로, 레오나르도 다빈치, 보티첼리 등의 화가와 더불어, 바르톨로메오(Michelozzo di Bartolomeo, 1396~1472), 브루넬레스키(Filippo Brunelleschi, 1377~1446) 같은 건축가도 후원을 받았다. 이들의 후원은 목적이 없는 일방적 지원이었다. 코시모는 자신의 집에 예술가들을 데려다놓고서도, 그저 감상하며 '좋군' 등의 감탄사만 내뱉을 뿐 별말을 하지 않았다고 한다. 그는 예술가 중 도나텔로(Donatello, 1386~1466)를 가장 좋아했는데, 도나텔로가 편히 작품 활동을 하도록 수익성이 좋은 포도밭을 주었을 정도였다. 그러나 도나텔로는 포도밭이 신경 쓰여서 도저히 작품 활동을 할 수 없다며 나중에 포도밭을 돌려줬다고 한다.

또한 메디치 가문은 고서와 미술품을 사들여 도서관을 만들고 대중에게 공개하였다. 특정 계층이 향유하던 미술을 대중화하기 시작했다는 점에서 근대적 개념의 미술관의 시작으로 볼 수 있다. 메디치 가문이 지향한 가치가 예술가에 대한 무조건적 후원과 사회 환원이었음을 알 수 있다. 현재 피렌체에 있는 우피치 미술관^{Galleria degli Uffizi}은

메디치 가문의 코시모, 피에로, 로렌초(위에서부터) 메디치 가문은 학문과 예술을 후원하여 피렌체가 르네상스의 중심지가 되는 데 큰 역할을 하였다.

전 세계 관광객을 상대로 메디치 가문의 컬렉션을 전시하며, 피렌체의 문화를 세계에 알리고 있다.

현대에 이르러 예술 후원가의 새로운 개념을 제시한 사람은 영국 현대미술의 대표적인 컬렉터인 찰스 사치(Charles Saatchi)이다. 그는 1990년대 세계 미술계에 붐을 일으킨 yBa young British artists를 발굴해낸 장본인이다. 사치가 후원한 대표적인 현대작가 데미언 허스트(Damien Hirst)는 1991년부터 삶과 죽음의 의미에 질문을 던지는 작품을 발표하고 있다.

찰스 사치는 1988년 이후 본격적으로 영국 미술에 관심을 갖기 시작하여 컬렉션을 통해 신진 작가를 후원하는 한편 자신의 갤러리에서 전시를 개최하여 젊은 작가들이 국제적으로 성장할 수 있는 발판을 만들어주었다. 또한 컬렉션의 전부 또는 일부를 뮤지엄이나 공공기관에 기증하기도 했다. 사치 소유의 사치 갤러리The Saatchi Gallery는

사치 갤러리
사치는 자신의 컬렉션을 더 많은 사람에게 보여주고자 갤러리를 무료로 개방하고 있다.

yBa뿐만 아니라 영국에 잘 알려지지 않은 독일, 미국의 젊은 작가들의 작품을 기획전시하는 등 젊은 작가들에게 다양한 기회를 제공하기 위해 노력하고 있다.

찰스 사치가 현대미술 작품을 수집하며 후원한다면, 대를 이어 미술의 대중화를 이끌면서 랜드마크적인 미술관을 만들어나가는 데는 구겐하임 가문이 으뜸이라 할 수 있다. 구겐하임 가문은 전 세계로 컬렉션의 범주를 넓혀가며 현대 예술문화에 가장 큰 영향력을 끼친 유대 가문이자, 20세기 미국의 가장 영향력 있는 가문 중 하나이다. 구겐하임 재단Solomon R. Guggenheim Foundation은 가문을 중심으로 한 사설 재단의 효시이다.

제2차 세계대전 후 혼란스러웠던 상황을 틈타 급격하게 성장한 미국 사회는 여러모로 현대미술이 싹트기에 적합한 상황이었다. 세계대전 직후 미국 정부는 문화강국인 유럽에 뒤처지지 않기 위해 다양한 노력을 기울였고, 마침 미국에는 전쟁을 피해 건너온 유럽 작가들이 포진해 있었다. 구겐하임 미술관은 이러한 미국을 적극 후원해 미국이 세계 미술계의 주도권을 쥐고 발전하는 데 크게 공헌하였다.

솔로몬 구겐하임(Solomon R. Guggenheim, 1861~1949)은 문화인류학자로서 학술, 문화 후원을 활발히 전개하였다. 이후 미술 후원에 주력한 솔로몬 구겐하임은 처음에는 프랑스와 이탈리아의 고전 미술과 19세기 프랑스와 미국의 미술품을 수집하였다. 그러다 1920년대에 힐라 르베이(Hilla von Rebay, 1890~1967)의 자문으로 현대미술을 수집하기 시작하면서 1920~1930년대에 방대한 추상미술 컬렉션을 이룩하게 되었다. 1937년에는 본격적으로 미술을 후원할 목적으로 솔로몬 구겐하임 재단을 설립하고, 맨해튼 54번가에 비구상회화 미술

관Museum of Non-Objective Painting1을 개관했다. 현재 뉴욕에 있는 구겐하임 미술관은 1943년 건축가 프랭크 로이드 라이트(Frank Lloyd Wright, 1867~1959)의 설계에 따라 착공하여 1959년 완성되었다. 이 미술관은 개관 후 독특한 외관으로 대중의 뜨거운 반응을 불러일으켰고 건물 자체로 뉴욕의 새로운 명소가 되었다.

솔로몬 구겐하임의 노력은 조카딸 페기 구겐하임(Peggy Guggenheim, 1898~1979)에게 고스란히 이어졌다. 당시 유럽에서는 초현실주의 작품을 중심으로 후원이 전개되었고, 뉴욕에서는 추상표현주의 작가를 중심으로 후원이 전개되었다. 그중에서도 미국 출신의 화가 잭슨 폴록(Jackson Pollock, 1912~1956)에 대한 후원이 상당한 비중을 차지했다. 폴록은 페기 구겐하임이 운영하던 금세기 미술 화랑Art of

뉴욕 구겐하임 미술관
라이트가 설계한 뉴욕 구겐하임 미술관은 나선형 구조의 전시장이라는 독특한 특징을 가지고 있다.

———— 1
비구상회화 미술관은 1952년 솔로몬 R. 구겐하임 미술관으로 이름을 바꾸었다.

This Century Gallery의 특별전 신진작가 춘계 살롱전에서 심사위원들로부터 재능을 인정받은 후 화랑의 지속적인 후원을 받았다. 잭슨 폴록은 화랑의 전속작가와 같은 전폭적인 후원을 받았다. 직접적으로는 일 년 계약으로 매달 150달러를 지원하였고, 작업 공간 제공은 물론 작품 판매에도 협조했다. 1947년 페기 구겐하임이 유럽으로 이주하면서 화가이자 컬렉터인 베티 파슨스(Betty Parsons, 1900~1982)에게 폴록의 후원을 인계하였지만, 나중에 베네치아 산 마르코 광장에 있는 알라 나폴레오니카Alanapoleonica2에서 폴록의 첫 유럽 전시를 기획할 정도로 폴록에 대한 후원은 각별하였다.

이탈리아 베네치아의 산 마르코 광장을 둘러싼 이 건물은 16세기 경 정부청사로 건립되었다. 알라 나폴레오니카라는 명칭은 나폴레옹의 날개라는 뜻이다. 현재는 박물관을 비롯해 오래된 카페, 살롱이 들어서 있는데 그중 1720년에 개업한 카페 플로리안은 과거 괴테, 바그너 등이 자주 들렀던 곳으로 유명하다.

구겐하임의 브랜딩 전략

1988년 미술사학 교수였던 토머스 크렌스(Thomas Krens)가 뉴욕 구겐하임의 관장으로 부임하여 공격적인 마케팅을 구사하면서 구겐하임은 활발한 해외 진출을 시도하였다. 당시 구겐하임 재단은 페기 구겐하임이 생을 마감한 1979년 이탈리아 베네치아의 저택을 페기 구겐하임 미술관으로 운영하고 있었는데, 시야를 넓혀 1997년에는 스페인의 빌바오와 독일 베를린에 진출하는 등 세계 곳곳으로 퍼져나가고 있다.

토머스 크렌스는 구겐하임의 책임자가 되자 뉴욕 구겐하임 미술관을 보수하여 새롭게 단장하고, 세계를 돌아다니며 새로운 구겐하임을 건립할 장소를 모색하였다. 미술관 경영을 개선하고 늘어난 소장 작품을 전시할 공간을 확보하기 위해서였다. 크렌스는 '창고에 있는 예술을 사람들에게 공개한다'는 모토 아래 보다 많은 기획전을 열었고, 예술품 전시라는 미술관 고유의 영역을 넘어 '브랜드화'에 나섰다. 예술과 미술관의 상업화를 우려하는 목소리도 있었지만, 결과적으로 그의 전략은 주효했다. 그는 한국의 한 매체와의 인터뷰에서 성공 비결을 묻는 질문에 이렇게 답했다.

> 지난 15년간 250회 이상의 전시회를 기획했는데 가장 각광받은 것이, 순수 예술이 아닌 모터사이클 전시였습니다. 모터사이클 전시를 예술의 단계로 끌어올렸다는 평을 받았는데, 이로 인해 전에는 미술관에 오지 않던 사람들도 찾아오기 시작했습니다. 이를 패션, 디자인 등 다른 분야에도 적용했습니다. 이런 시도를 통해 전시 내용보다는 구겐하임에서 한다는 자체가 중요한 상황, 즉 브랜드화가 가능해졌습니다.

프랜차이즈 전략은 전 세계에 구겐하임 미술관을 알리는 데 유효했다. 여러 곳에서 구겐하임 미술관이 개관했고, 앞으로도 병합 또는 흡수합병을 통해 지역의 예술문화를 '구겐하임화'할 계획이다. 구겐하임의 성공에 자극받은 나라와 도시 들은 각종 혜택을 제시하며 구겐하임 분관을 세우려 경쟁하기도 한다.

하지만 모든 사람이 미국의 복제품과 같은 미술관을 들여오는 것을 반기지는 않는다. 미국의 클리블랜드 미술관Cleveland Museum of Art 관장인 셔먼 리(Sherman Emory Lee, 1918~2008)는 구겐하임 미술관의 전략을 비판하며 "사람들이 세계 어디에서나 똑같은 시스템의 미술관을 원하진 않을 것이다. 마치 런던을 로마와 구별할 수 없게 된 것처럼" 하고 말했다. 런던의 대영박물관을 겨냥한 듯한 그의 말은 구겐하임의 미술관 확장에 대한 유럽인의 비판적 입장을 대변하는 듯하다.

실제로 핀란드의 수도 헬싱키에서는 구겐하임 미술관의 분관 설립 계획이 좌초에 부딪쳤다. 헬싱키 시의회의 심의위원회가 구겐하임 분관 건립 계획안을 놓고 투표했으나 근소한 차이로 안건이 부결되었다. 위원회가 미술관 건축에 반대한 주된 이유는 재정 부담이 너무 높기 때문이다. 이 안건에 대해서는 이미 몇 달 전에 핀란드 문화부장관이 직접 자신의 블로그에 '핀란드 납세자들이 부유한 다국적 재단을 위해 재정적인 뒷받침을 해야 하는지 자문해보는 일 또한 중요하다'라고 밝혀 비용 부담을 놓고 그동안 의견이 분분했었다. 헬싱키 시민의 반대와 시의회의 반대투표에도 불구하고 구겐하임 분관 설립을 둘러싼 공방전은 한동안 계속될 조짐이다.

뉴욕, 베네치아, 베를린, 라스베이거스의 구겐하임

프랭크 로이드 라이트가 설계한 뉴욕 구겐하임 미술관은 1959년에 완성되었다. 이곳은 달팽이 모양의 외관과 탁 트여 통풍이 잘 되는 천장을 중심으로 한, 계단 없는 나선형 구조의 전시장이라는 독특한 설계로 인기를 모았고 뉴욕의 새로운 명소로 떠올랐다. 격자형으로 구획된 맨해튼의 거리를 가득 채운 건물들이 석재와 갈색 벽돌로 만들어진 상황에서 나선형의 미백색 면을 드러낸, 마치 석고 모형과 같은 둥근 모양의 미술관은 단연 돋보였다. 이 낯선 외관으로 인해 설계 초기에는 주변 고급 주택가의 클래식한 분위기를 망친다는 비판에 시달렸고, 완공되기까지 16년이라는 오랜 시간이 걸린 '작품'과 같은 건축

모리스 상점에 설치한 경사로
모리스 상점의 경사로는 이동
공간이기에 문제될 게 없다.

물이다. 프랭크 로이드 라이트는 안타깝게도 이 건물의 준공을 보지
못하고 사망하였다.

　　라이트가 설계한 뉴욕 구겐하임 미술관은 뉴욕을 대표하는 명소
로 손색없는 건축물이지만 미술관으로서의 기능에 대해서는 많은 논
란이 있었다. 나선형 경사로ramp는 그림을 걸고 조각을 놓아야 하는 미
술관에는, 최소한 그때까지의 관점에서는 적합하지 못한 건축 장치였
음에 틀림없다. 라이트는 자신이 샌프란시스코의 모리스 상점Morris Gift
Shop을 설계하면서 사용한 회오리 모양의 경사로를 확장하여 구겐하
임 미술관의 내부 구조를 만들었다. 이런 구조는 바티칸 미술관Vatican

© Wallygva

뉴욕 구겐하임 미술관 내부
뉴욕 구겐하임 미술관은 전시 공간으로서는 구조적인 문제가 있다.

Museums의 이중나선 모양의 경사로와 비슷하다. 그러나 모리스 상점과 바티칸 미술관의 경사로는 움직임을 위한 공간이었지 멈춰서서 작품을 감상하는 전시 공간은 아니었다.

구겐하임의 경사로는 10도가 기울어서 그림을 벽에 걸 때 어느 레벨을 기준으로 걸어야 할지가 논쟁의 대상이 됐다. 또한 벽체가 곡선으로 되어 있어 좌우로 긴 그림을 걸면 그림 뒤쪽에 빈 공간이 생기는 것도 라이트의 설계가 가진 약점이었다. 페기 구겐하임이 후원했던 잭슨 폴록의 그림같이 캔버스가 커지는 현대미술의 경향을 경사각도로 인해 천장 높이가 제한된 구조로는 담아낼 수 없었다. 미술품이 놓인 전시실의 조명보다 천장을 통해 한가운데로 쏟아지는 자연광이 더 밝아 작품에 대한 집중력을 흩트리는 것도 문제였다.

1992년 구겐하임 미술관은 보수와 증축 후에 다시 오픈하였다. 뉴욕 건축가 과트메이 시걸(Gwthmay Siegel)이 설계한 10층짜리 직육

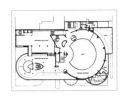

뉴욕 구겐하임 미술관의 평면도

예술적 신념을 담다

면체 모니터빌딩과 스몰 로툰다Small Rotunda**3**도 공개되었다. 관람자들이 엘리베이터를 타고 맨 위까지 올라가서 나선형의 슬로프를 따라 감상하면서 1층으로 내려오는 라이트의 원설계 구조는 변함이 없고, 경사로의 중간중간에 새로 증축한 곳으로 가는 통로가 만들어져 미술관의 전시 면적은 더욱 커졌다.

물의 도시 베네치아의 골목에 위치한 페기 구겐하임 미술관은 페기가 살던 저택 팔라초 베니에르 데이 레오니Palazzo Venier dei Leoni에 그녀의 소장품을 전시해놓은 곳으로 작고 아담하지만 현대 미술계 거장들의 작품이 다양하게 전시되어 있다. 이 건물은 1750년대에 건축가 로렌초 보스체티(Lorenzo Boschetti, 1709~1772)가 설계한 대리석 건물로 완성되지 않은 팔라초 형식에 미스터리한 상징을 지니고 있다. 건물 이름에 있는 레오니leoni는 사자를 뜻하며 건물 벽에 붙어있는 사자머리 조각에서 비롯된 것 같다. 미완성인 이 건물은 베네치아 해안에 즐비한 팔라초들 사이에 낮은 모습으로 예술적인 여유를 더하고 있다.

도이체 구겐하임 베를린Deutsche Guggenheim Berlin**4**은 도이체방크Deutsche Bank와 솔로몬 구겐하임 재단이 함께 만든 전시공간이다. 독일의 대표적 은행인 도이체방크는 예술을 통한 사회 환원을 목표로 구겐하임 재단과 협력하고 있다. 미술관의 이름은 도이체방크와 구겐하임 재단에서 각각 따왔으며, 미술관은 1920년에 지어진 도이체방크 건물 1층에 있다. 1997년 11월에 개관했고 해마다 3~4회의 전시회가 열린다. 전시장 건축은 미국 건축가인 리처드 글럭먼이 맡았다.

라스베이거스의 구겐하임 에르미타주Guggenheim Hermitage는 구겐하임 재단과 러시아 에르미타주 미술관 사이의 파트너십으로 만들어진 미술관이다. 이 미술관은 두 기관이 영구 소장하고 있는 작품을 가

—— 3
서양 건축에서는 원형 또는 타원형의 평면을 지닌 건물을 '로툰다'라고 부른다. 뉴욕 구겐하임 미술관에는 두 개의 로툰다가 있는데 라이트가 설계한 것을 '그레이트 로툰다', 새로 신축한 전시장을 '스몰 로툰다'라 구분한다.

—— 4
독일의 구겐하임 미술관은 도이체 은행으로부터 후원을 받아 미술관의 이름 앞에 은행명인 도이체(Deutsche)를 사용하여 '은행＋미술관'이라는 새로운 미술관의 유형을 낳았다.

페기 구겐하임 미술관
미완성인 이 건물은 오히려
양 옆의 높은 팔라초 사이에
서 예술적인 여유를 더하고
있다.

—— 5

스페인과 프랑스가 국경을 이루는 피레네 산맥의 양쪽 지역을 가리키나, 좁은 의미로는 알라바·기푸스코아·비스카야의 3주(州)로 구성된 지역을 말한다. 광산물이 풍부하며 빌바오 등의 공업도시가 발달했다. 바스크인은 인종상으로나 언어·관습상으로나 스페인인·프랑스인과 다른 특징을 지닌다. 제2차 세계대전 후부터 분리 독립의 요구가 강해졌으며, 1979년 자치권을 인정받았으나 독립을 요구하며 투쟁을 계속 하고 있다. 2006년 스페인 정부와 영구 휴전을 선언했으나 2007년 이를 파기했다.

져와서 도박의 도시 라스베이거스에 전시하고 있다. 이처럼 구겐하임의 브랜딩은 현재 진행형이다.

빌바오 구겐하임

프랭크 게리(Frank Gehry)가 디자인한 빌바오 구겐하임 미술관 건물은 전시 미술품보다 더 유명하다. 마치 물결치는 듯한 건물의 외관은 부분적으로 물고기의 몸과 배의 선체에서 영감을 얻었다고 한다.

스페인의 해안도시 빌바오는 15세기 이래 제철소, 철광석 광산과 조선소를 중심으로 발전해온 중소 공업도시였는데, 1980년대 철강산업의 쇠퇴와 바스크[5] 분리주의자들의 테러로 10여 년간 경제적 고통을 겪었다. 바스크 자치정부는 불황의 늪에서 벗어날 수 있는 방법은 문화산업이라고 판단하고, 때마침 유럽 진출을 모색하던 뉴욕 구겐하임 미술관의 분관을 유치하였다. 예산 낭비와 문화적 종속을 우려하는 일부 반대여론 속에서 1991년 지명설계공모전을 통해 프랭크 게리를 설계자로 선정하였고, 그는 현대건축사에 한 획을 그은 기념비적 건축물을 탄생시켰다. 미술관 건립을 거세게 반대하던 사람들도 모두 '구기(Guggy : 구겐하임 미술관의 애칭)'의 찬양자로 바뀌었다.

생전에 바스크 지방을 유난히 사랑했던 미국의 소설가 헤밍웨이(Ernest Hemingway, 1899~1961)는 1932년에 발표한 『정오의 죽음Death in the Afternoon』에서 빌바오를 "무덥고 추한 광산도시"라고 묘사했다. 하지만 오늘날 "추한 광산도시" 빌바오의 모습은 오래된 중앙역을 화려하게 장식하고 있는 대형 스테인드글라스에서만 발견할 수 있을 뿐이

예술적 신념을 담다

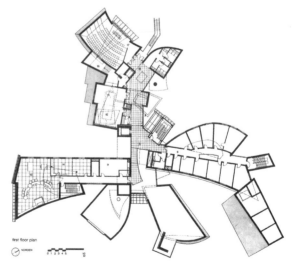

first floor plan

NORDEN   0 1 2 3 4 5   10

01
02 03

구겐하임 미술관, 건축을 담다

127

다. 문화란 이렇게 한 도시의 운명을 신데렐라처럼 바꿔놓기도 한다. 《뉴욕 타임스》가 말했듯 '문화는 이제 더 이상 권력의 장식물이 아니라 그 자체가 권력'인 시대이다.

빌바오 구겐하임 미술관은 어느 방향에서 보든 신선하고 역동적인 이미지를 전달하도록 설계되었다. 실내 공간도 외형에 드러난 역동적인 곡선으로 이루어져 관람객에게 독특한 시각적 체험을 제공한다. 빌바오 구겐하임 미술관은 다리와 강 등의 도시 공간을 적극적으로 활용하고 있으며, 설계 단계부터 큐레이팅 마인드가 적용되어 미술관 건물 자체와 예술작품의 관계에 대해 진지하게 고민한 결과를 보여주고 있다.

건물은 여러 개의 긴 조각으로 해체되어 다시 조합된 형태이고 그 표면은 물고기의 비늘처럼 티타늄판으로 덮여 있다. 미술관의 대부분을 덮고 있는 0.5밀리미터 두께의 물고기 비늘 모양의 티타늄판과 외형이 화사하게 핀 꽃을 연상시킨다고 하여 '메탈 플라워metal flower'라는 별명을 가지고 있으며, 100년 이상 지속될 수 있을 정도로 견고하다.

입구에 위치한 50미터 높이의 아트리움atrium을 중심축으로 하여 동심원적으로 돌아 올라가면서 여러 방향으로 크고 작게 뻗어나간 전시 공간들이 3층에 걸쳐 있다. 다양한 곡면과 사선이 해체, 재조합된 역동적 외관은 복잡한 내부 구조를 상상하게 하지만 사실 내부는 놀랄 정도로 단순명료하게 설계되어 있으며 자연광을 충분히 활용하여 밝고 편안한 느낌을 준다.

19개 전시실은 추상미술의 본산이라는 명성에 걸맞게 팝아트의 거장 앤디 워홀(Andy Warhol, 1928~1987)관을 비롯하여 칸딘스키

(Wassily Kandinsky, 1866~1944), 파이닝거(Lyonel Charles Adrian Feininger, 1871~1956) 등 지난 50여 년간 뚜렷한 족적을 남긴 현대 작가의 작품들을 전시하고 있다. 현재는 미술관 주위에 대형 호텔, 공연장, 컨벤션 센터 등이 들어서면서 국제적 문화단지로 성장하고 있으며, 이는 미술관이라는 문화 공간이 일으킨 하나의 '기적'으로 평가받고 있다. 빌바오 효과[6]가 바로 이런 것이다.

빌바오 구겐하임은 미술관, 혹은 문화 시설로 인한 도시 재생의 대표 사례로 꼽힌다. 빌바오에는 프랭크 게리의 구겐하임뿐만 아니라 노먼 포스터, 산티아고 칼라트라바(Santiago Calatrava), 시저 펠리(Cesar Pelli) 같은 유명 건축가들의 여러 건물이 지어졌다. 이로 인해 빌바오는 어마어마한 관광 수익을 올리고 세계적인 인지도를 얻었고 세계 여러 도시가 빌바오 모델을 따르려 한다. 오랜 역사를 가진 도시 빌바오의 정치적, 사회적 그리고 문화적 개방을 위해 시 정부가 오래 계획하고 꼼꼼히 준비한 문화 사업의 결과이다.

구겐하임은 빌바오 도시 재생 계획에 있어 누구도 부인할 수 없는 중요한 부분이다. 빌바오가 철강산업의 쇠퇴와 더불어 쇠락의 길을 걸을 때, 바르셀로나는 1992년 올림픽을 개최했고, 세비야는 세계 박람회를 개최했고, 마드리드는 경제의 중심지가 되었다. 상대적으로 현대화에 뒤처졌던 빌바오는 서비스산업과 예술을 키워드로 삼고 반전을 준비하였다.

하지만 마드리드의 건축가 루이스 페르난데스(Luis Fernandez)가 "이 건물은 도시 재생의 상징이라기보다는 도시의 흥망의 갈림길을 상징한다고 이해하는 것이 낫다"라고 하였듯 빌바오 구겐하임의 성공은 시의 노력, 문화산업을 선택한 탁월함, 최고의 건축가의 작품이 어

——— 6

빌바오 효과(Bilbao effect)는 한 도시의 랜드마크 건축물이 도시에 미치는 영향이나 현상을 가리킨다. 빌바오의 도시 재생 이후 세계 여러 도시가 세계적 건축물을 지어 도시 경쟁력을 높이고 있다.

우러진 결과이다.

　빌바오와 같이 쇠락한 산업도시가 서비스산업과 문화의 도시로 바뀌는 경우는 현대사회에 들어 다수 있다. 미국의 철강도시였던 피츠버그 역시 서비스산업과 예술 유치를 통해 쇠퇴하던 도심에 새로운 생명력을 불어넣었다. 빌바오 시는 빌바오에 없었던 지구 저편의 구겐하임 미술관과 프랭크 게리라는 두 개의 커다란 브랜드에 힘입어 공격적인 마케팅을 펼쳤다. 많은 경우 한쪽이 훌륭하면 다른 한쪽이 덜하기 마련이지만 여기서는 콘텐츠와 콘텐츠를 담는 그릇인 건축이 명품의 조합을 이루어 전위예술을 최우선으로 하는 구겐하임 미술관의 미션을 성공적으로 수행했다.

　구겐하임의 미술관들은 기존 미술관이 지향하던 순수예술품의 전시보다 더 공격적으로 문화전략을 세워 전 세계에 이름을 알리고 있다. 미술관이지만 기업 경영과 같은 마케팅을 벌임으로써 현재 자본주의 사회에서의 문화 확장의 추세를 주도하고 있다. 미술관의 글로벌화라는 새로운 장을 열어 여러 나라에 지점을 두고 있으며 여러 지역의 큐레이터들을 모아 교육하여 세계적으로 전시의 품격을 향상하려 노력하고 있다. 이 과정에서 각 나라의 큐레이터들로부터 그 나라의 예술과 문화에 대한 정보를 모음으로써 마치 과거 메디치 가문이 르네상스 시대의 예술과 문화를 모아서 전시했던 것과 같은 기여를 하고 있다. 찬반 의견을 떠나 구겐하임이 나아가는 이러한 방향이 현대미술의 새로운 장을 열었을 뿐만 아니라 현대건축까지 주도하고 있다는 점에서 앞으로 또 어떻게 변화하고 발전할지 기대된다. 창조적인 예술과 건축은 구겐하임을 통해서 세상에 등단할 기회를 만날 것이다.

GHERKIN AND
TORRE AGBAR

토템 같은 마천루,
거킨 빌딩과 아그바 타워

토템으로 빚은 도시 프로파일

유럽의 대표적인 도시 런던과 바르셀로나의 프로파일을 보면, 근대화 이전의 토템 기둥 같은 원초적인 모양의 마천루들이 시선을 사로잡는다. 공상과학 영화에 주로 소개되던 원형의 마천루들을 설계한 이들은 세계적인 스타건축가들이다. 총알 같기도 하고 시가 같기도 한 두 건물은 오이빌딩, 시가빌딩, 양말빌딩, 계란 빌딩 등 다양한 별명으로 불리며 대중의 관심과 호기심을 불러일으키고 있다.

이들은 런던의 거킨 빌딩과 바르셀로나의 아그바 타워Torre Agbar이다. 둘은 형태가 유사해 항상 한 세트로 묶여 소개되지만 각각 다른 건축가의 작품이다. 거킨 빌딩은 노먼 포스터, 아그바 타워는 프랑스 건축가 장 누벨(Jean Nouvel)이 설계했다. 두 건물 모두 비교적 스카이라인이 낮은 도시에 우뚝 서서 아래를 내려다보는 모습이 예전의 토템 기둥이나 장승과 닮았다.

그렇다면 건축계의 두 거장이 주술적인 이유도 고려한 것일까? 얼핏 보면 건물 형태에 무언가 상징이 있어 보이지만, 사실 두 건물의 디자인이 탄생한 배경에는 서로 다른 기능적인 이유가 숨겨져 있다. 아마 우리나라에서는 형태의 불온함(?) 때문에 기능적인 우수함을 떠나 지어지기 힘들었겠지만.

어쨌든 무사히 완공된 두 건물은 '에펠탑 효과'나 '빌바오 효과'와는 다른, 단순하게 기억되는 형태로 주변의 이목을 끄는 '팝아트'적인 효과 또는 노이즈 마케팅의 효과로 도시 프로파일에 독특함을 안겨주고 있다.

조롱거리가 된 거장의 아이디어

스위스 리 보험회사 본사 건물인 거킨 빌딩은 2001년 세계를 뒤흔든 9·11 테러를 전후해서 계획되었다. 9·11 테러의 여파로 고층빌딩 건축이 심리적으로 많이 위축된 시기였던 만큼 시민과 공공의 반대에 맞서가며 시작되었다. 하필이면 건물이 들어설 자리도 1992년 아일랜드 강경파의 폭탄 테러로 무너진 건물이 있던 장소여서 계획 당시부터 거킨 빌딩은 사람들의 관심과 걱정에 둘러싸였다.

건물 모형이 대중에게 공개되었을 때, 사람들은 원초적인 형태에 경악하면서 온갖 조롱을 퍼부었고, 런던 시는 여러 규제를 들이밀며 제동을 걸어 많은 변경을 요구했다. 하지만 많은 논란에 시달리면서도 거킨 빌딩은 초기의 계획안을 비교적 잘 유지하며 건설되었다. 형태적으로는 너무 단순한 것 같았으나 오히려 지루한 런던의 스카이라인에 전무후무한 형태가 불쑥 끼어들면서 런던을 대표하는 랜드마크가 되었다. '시각적 폭력을 행사하는 거대한 조형물에 지나지 않을까' 하는 런던 시와 시민의 걱정은 해결되었다. 오히려 거킨 빌딩을 짓는 과정을 찍은 다큐멘터리 영화 〈노먼 포스터와 거킨 빌딩Building The Gherkin〉(미리암 본 아르스 감독, 2005)이 나오기도 했고, 거킨 빌딩을 주된 배경으로 영화 〈원초적 본능 2 Risk Addiction〉가 만들어지면서 전 세계로 거킨 빌딩의 이미지가 알려지게 되었다.

아그바 타워는 바르셀로나의 수도 회사인 아구아스 데 바르셀로나Aguas de Barcelona의 본사 건물로서 거킨 빌딩과 비슷한 시기인 2000년대에 계획되어, 도시 정비 사업으로 시의 지원을 받으며 지어졌다. 비슷한 외모 때문에 홍역을 치른 거킨 빌딩과 비교하면 비교적 우호적

01 02
03

01, 02 거킨 빌딩
03 아그바 타워

형태적인 유사함으로 항상 같
이 소개되는 이 두 개의 타워
는 건설 시기, 거장의 작품이
라는 점, 친환경적인 성능을
가지고 있다는 점도 비슷하다.

인 상황 속에서 진행되었다. 하지만 역시 시민들에게는 원초적이고 낯선 형태에 대한 거부감이 있었고 그에 따른 조롱을 감수해야 했다.

사람들은 바르셀로나의 랜드마크인 가우디(Antoni Gaudí i Cornet, 1852~1926)의 성가족 성당Templo Expiatorio de la Sagrada Família의 건축미와 의미를 반대 사례로 들며 새로운 랜드마크를 거부했고, '과연 바르셀로나에 어울리는 형태인가'에 대한 논란에 불을 붙였다. 하지만 아그바타워는 건물 사용자들에게 친환경, 지속 가능한 빌딩의 가능성을 보여주며 낮게 깔린 바르셀로나의 도시 풍경에서 우뚝 솟아오른 타워가 도시를 상징하는 거대한 이정표가 되어줄 것임을 내세워 논란을 잠재웠다.

이처럼 두 건물은 서로 다른 도시, 환경 속에서 만들어졌지만 원초적 외형에 따른 사람들의 거부감을 극복하고 결국 도시를 대표하는 랜드마크로 자리 잡았다.

런던과 바르셀로나의 도시 계획

제2차 세계대전 이후 금융과 보험업을 중심으로 산업이 재편되어 고층 건물이 지어지면서 런던의 도시 경관은 급격히 변화하였다. 런던은 변화를 수용하는 한편, 세인트 폴 대성당을 중심으로 빅벤, 타워브리지 등 기존의 도시 경관을 유지하며 고층 건물을 짓기 위하여 오래된 상징적 건축물들을 보호하는 시선축을 설정하였다. 런던의 경제중심구역에 지어진 고층 건물들은 세인트 폴 대성당을 중심으로 한 시선축을 빗겨간 위치에 지어진 것들이다.

예술적 신념을 담다

건축을 문화로 바라보는 인식이 일찍부터 자리 잡은 런던은 1956년부터 학계, 정부, 그리고 시민이 뜻을 모아 도시 경관 보존을 시작하였다. 초기 원칙은 건물을 새로 지을 때 역사적 랜드마크와 비슷한 높이를 지키고 중요한 조망점에서의 시선축을 보호하여, 결론적으로는 런던의 스카이라인을 유지하는 것이었다. 그 후 1969년에 런던이 확장되면서 런던광역시의회The Greater London Council가 설립되어 보다 넓은 범위의 도시 경관을 다루는 원칙을 제시하였다.

런던은 경관 원칙에서 시선축에 관한 기준으로 스카이라인을 관리하는 파노라마panoramas, 한 곳에서의 조망을 관리하는 쐐기형 조망영역visual cones 그리고 랜드마크 사이를 잇는 조망 회랑visual corridors 등의 구체적인 개념을 설정하였다. 이런 기술적인 지침을 바탕으로 고층 건물 건설을 단순히 규제하는 차원에서 벗어나 런던을 고층 건물 건립이 부적절한 지역, 고층 건물의 시각적 영향에 매우 민감한 지역, 고층 건물 건립이 가능한 지역으로 구분하여 역사적 랜드마크와 고층 건물의 조화를 꾀하였다.

1986년부터는 런던계획자문위원회London Planning Advisory Committee 가 고층 건물과 연관된 정책 개발을 담당하였다. 특히 1991년에는 '주요 경관 보호를 위한 지역계획 가이던스Regional Planning Guidance : Guidance on the Protection of Strategic Views - RPG 3A'를 발간하고 세인트 폴 대성당을 향한 8개의 경관축과 웨스트민스터 궁전을 향한 2개의 경관축을 새로 설정하였다. 런던의 랜드마크 역할을 해왔던 웨스트민스터 궁전과 세인트 폴 대성당을 향한 조망은 이후 고층 건물을 제안할 때 최우선으로 고려해야 하는 스카이라인의 명실상부한 기준이 되었다.

2000년 밀레니엄 이후 런던 스카이라인 관리는 2000년 5월에

03

취임한 런던 시장 켄 리빙스턴(Ken Livingstone)이 주도하였다. 리빙스턴은 도시의 지속적 성장을 위해 고층 건물과 도시의 조화를 유도하는 세심한 정책을 구상하였고 2001년 '런던의 고층 건물, 주요 경관, 그리고 스카이라인에 관한 임시 계획 가이던스Interim Strategic Planning Guidance on Tall Buildings, Strategic Views and the Skyline in London'를 발표하였다. 이를 바탕으로 고층 건물의 클러스터cluster1를 통한 특화된 업무지역을 조성하여 업무 간 연계를 도모하고 이동거리와 통근시간을 단축하였다. 이는 자연스럽게 에너지 절감 및 교통량 감소를 통한 환경 보호라는 거시적 성과도 이뤄냈다.

리빙스턴은 고층 건물이 도시에 긍정적 효과를 가져오기 위해서는 건물이 최고 수준이어야 함을 강조했다. 그리고 최상의 퀄리티를 위한 세 가지 기준으로 런던의 건축 명성에 버금가는 고층 건물 디자인, 지상 층에 제공되는 훌륭한 공공 공간, 최상의 환경 보호를 제시했다.

———— 1

비슷한 업종에서 서로 다른 기능을 담당하는 기업과 기관이 모여 있는 것을 말한다. 미국의 실리콘밸리, 우리나라의 테헤란밸리 등이 이에 속한다.

04

이런 모든 규정을 만족시킨 거킨 빌딩 건축 허가를 시작으로 세인트 폴 대성당에 인접한 헤론 타워$^{Heron Tower}$의 건립 승인, 310미터 높이의 더 샤드 건립 승인 등이 이어지며 런던 곳곳에 고층 건물 클러스터가 구체적으로 실현되고 있다. 한편 거킨 빌딩은 세인트 폴 대성당과 가까운 위치에 있지만 주요 조망점에서 시선축에 걸리지 않아 높이 규제를 많이 받지 않았다.

한편 도시디자인으로 유명한 바르셀로나는 아그바 타워 이후 또 하나의 대형 프로젝트를 진행 중이다. '뉴 바르셀로나 계획'이라 불리는 대규모 도시 계획 중 하나인 '22@바르셀로나'는 지중해와 맞닿아 있는 도심부 동남쪽의 제조업 산업단지에 새로운 요소를 가미하여 무공해 생산 활동이 가능한 지역으로 거듭나게 하려는 계획이다. 바르셀로나는 이 지역에 새로운 이미지를 창출하는 동시에 이곳을 지역 명소로 부각시키려 한다.

03
런던의 거킨 빌딩
04
바르셀로나의 아그바 타워

거킨 빌딩과 아그바 타워는 둘 다 지역 사회의 필요에 따라 만들어졌다.

몬세라트 산
아그바 타워 디자인에 영감을
준 바르셀로나의 대표적인 산
이다.

────── **2**

22@는 EU 도시 계획의 공업
전용지역 코드인 22a에서 유
래했다. 22@에는 공업전용지
역인 22a를 IT, 미디어, 리서치
센터 등의 지식기반산업을 중
심으로 재생하고 발전시킨다
는 의미가 담겨 있다.

아그바 타워는 이 22@² 지구의 핵심 건물 중 하나이다. 바르셀로나의 스카이라인은 가우디의 성가족 성당을 축으로 몇 개의 고층빌딩이 이루고 있는데, 대도시 런던과 비교해보면 비교적 낮고 평탄하다. 때문에 랜드마크 측면에서 도시 경관에 미치는 전체적 영향은 거킨 빌딩보다 아그바 타워가 더 크다. 바르셀로나에서는 성가족 성당과 아그바 타워가 단연 돋보이는 건축물이다. 둘은 불과 1.2킬로미터를 사이에 두고 우뚝 솟아 있다. 문화적, 양식적, 시대적으로 대조되는 두 건축물은 도시의 어떠한 위치에서도 관측 가능한 전형적인 랜드마크를 이룬다. 바르셀로나에서는 두 건축물을 기준으로 자신의 위치를 가늠할 수 있을 정도이다.

아그바 타워를 설계한 장 누벨은 가우디와 마찬가지로 바르셀로나의 자연에서 영감을 얻어 군더더기 없는 형상을 만들었다고 한다.

그는 토템 같은 형태가 간헐천에서 솟아오르는 물의 형상과 바르셀로나를 둘러싼 산인 몬세라트Montserrat에서 영감을 얻었다고 밝히며, 가우디에 대한 오마주를 표현하였다.

독특한 디자인에 담긴 사연

거킨 빌딩의 친환경 성능은 건물 내부의 필요에서 비롯되었다. 토템기둥 같은 형태는 외부를 위한 것이 아니라, 역으로 내부에 바람길을 내고 채광을 최대화하기 위한 것이었다. 건축가 노먼 포스터는 대지의 빛, 바람, 음환경(音環境) 등 자연적 환경이 건물에 미치는 영향을 고려하여 친환경 시뮬레이션을 통해 건물 형태를 결정했다고 한다. 결과적으로 원형 평면이 이 대지에 가장 친환경적이었고, 원통 형태의 결과물에서 자연스러운 수직 타원형이 탄생했다.

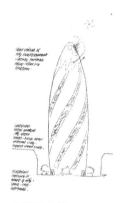

거킨 빌딩 스케치

　거킨 빌딩의 평면을 살펴보면 중심부의 원형을 둘러싸고 여섯 개의 구역이 배치되어 있다. 각 구역 사이에는 자연스럽게 삼각형 모양의 빈틈, 즉 사이공간이 생기게 된다. 건물이 한 층 높아질 때마다 시계 방향으로 5도씩 회전하며 올라가는 형태로 설계되었기 때문에 이 사이공간 역시 회전하면서 뻥 뚫린 채 수직으로 연결되어 있다. 이러한 시스템을 채광정 또는 환기정이라고 부른다. 거킨 빌딩은 이 비어 있는 수직 공간을 자연 환기에 활용하여 사용자에게 쾌적한 환경을 제공한다. 건축가의 친환경적 배려가 엿보이는 부분이다.

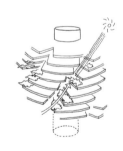

거킨 빌딩의 채광정 구조
거킨 빌딩은 수직으로 연결된 사이공간을 자연 환기에 활용하도록 설계되었다.

　건물의 형태뿐만 아니라 설치된 기계 설비도 친환경적이다. 외관은 3겹 복층 유리로 되어 있으며, 햇빛 가리개는 날씨에 따라 자동으

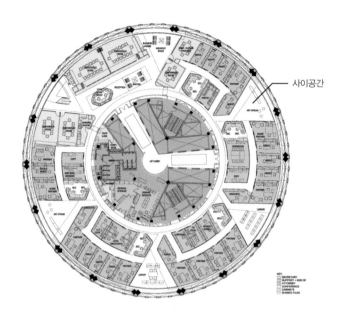

사이공간

거킨 빌딩의 내부 도면
건물 중심부의 원형 공간에서
6개의 구역으로 뻗어나가는
방사형 구조이다.

로 작동하여 내부의 일조량을 조절한다. 에너지 절약형 건축물로 유
지비도 적게 든다. 건물 사용자 입장에서는 친환경적 배려가 피부에
와 닿을 정도로 유용하지만 건물을 외부 형태로만 접하는 대중에게는
이 같은 디자인적 우수성이 정확히 전달되지 않아 오이, 총알, 시가 등
에 비유되며 그 평가가 엇갈린다. 이것은 아그바 타워도 마찬가지이
다. 그러나 친환경적 성능이 대중에게 알려지며 거킨 빌딩은 마천루
빌딩의 모범 사례로 손꼽히게 되었다.

　아그바 타워의 디자인은 거킨 빌딩과는 정반대 논리로 계획되었
다. 내부 공간의 친환경 시스템에서 시작된 거킨 빌딩과 달리 아그바
타워의 형태는 외관에서 시작됐다. 아그바 타워의 디자인은 설계를
의뢰한 아구아스 데 바르셀로나의 상징인 물의 모습을 건축적으로 추

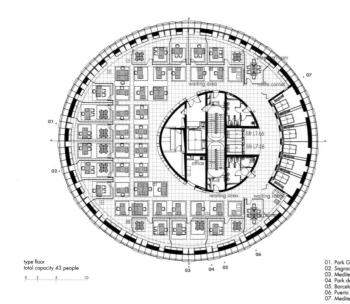

type floor
total capacity 43 people

0 2   5   10

01. Park Güell
02. Sagrada Familia
03. Mediterranean sea
04. Park de la Ciudadela
05. Barceloneta
06. Puerto Olimpico
07. Mediterranean sea

아그바 타워의 내부 도면
외부는 거킨 빌딩과 비슷하지
만 내부에는 원형의 코어와 사
각형의 업무 공간이 공존한다.

상화한 것이다. 프랑스 건축가 장 누벨은 아그바 타워의 형태를 간헐
온천과 바르셀로나를 두르고 있는 몬세라트 봉우리의 이미지에서 따
와 디자인했다. 주변 요소들을 수용하여 상징화한 디자인으로 바르셀
로나 시민 및 방문객이 느낄 이질감을 최소화했다.

　아그바 타워의 가장 큰 특징은 외벽의 유리 커튼 월이다. 물의 따
뜻하고 차가운 성질을 상징하는 빨간색과 파란색 계열의 25개 색깔
판넬들은 픽셀 단위의 모자이크처럼 타원형 건물을 감싼다. 바르셀
로나의 전통적인 붉은 색깔을 점묘화 기법으로 디자인하였다는 설명
도 있다. 가장 바깥 부분은 유리 수직 루버louver들로 외관을 구성하여
상당히 화려하다. 아그바 타워는 마치 스페인 사람들과 바르셀로나의
아름다움을 잘 이해한 것처럼 색채가 다양하고 자유롭다.

아그바 타워는 낮의 랜드마크적 이미지보다 밤의 모습이 더 인상적이다. 야간에는 조명 아티스트인 얀 커세일(Yann Kersalé)이 디자인한 조명이 장관을 이룬다. 총 4,500개의 LED 조명들은 컴퓨터 프로그램으로 제어되며, 여러 가지 색채와 미디어 아트들이 커튼 월 사이에서 산란하여 바르셀로나의 밤하늘을 밝혀준다.

예술적 신념을 담다

아그바 타워는 자연환기와 기계환기를 병행하여 에너지 효율성을 높였다. 외부로 수평적으로 노출되어 있는 루버들은 내부 사무 공간을 사용하는 사용자가 뜨거운 바르셀로나의 직사광선을 피해 적절한 실내 조도(照度, illumination)와 쾌적한 공기에서 생활하게 해준다. 아그바 타워 역시 사무 공간으로 사용되며, 일반인 출입은 1층 출입구

바르셀로나의 야경
아그바 타워가 뿜어낸 현란한 조명이 바르셀로나의 밤 풍경에 독특함을 선사한다.

부터 제한된다. 이로 인해 아그바 타워는 랜드마크적 요소는 강하지만 거킨 빌딩만큼 내부 공간을 경험할 수 없어, 어쩌면 순수한 이미지로서만 랜드마크의 역할을 하고 있는 것이 아닌가 싶다.

바르셀로나 사람들은 아그바 타워가 성가족 성당과도 내부적인 유사성이 있다고 생각한다. 아그바 타워의 수직타원형 모습이 성가족 성당의 네이브nave3 공간 모습과 일치한다는 것이다. 실제로 높은 천장과 기둥, 아치로 이루어져 있는 성가족 성당의 비어 있는 공간은 우뚝 솟아 있는 아그바 타워의 외형과 아주 유사하다. 바르셀로나 사람들은 아그바 타워의 디자인이 네이브에서 시작되지 않았나 하는 의문이 들 정도였다고 한다. 이러한 형태의 유사성에 대한 판단은 개인의 자유지만 랜드마크 건물들은 인구에 끊임없이 회자되고 어떤 형태로든지 이야깃거리가 될 수 있음을 보여준다.

——— 3
교회 건축에서 중앙 회랑에 해당하는 중심부로서 교회 내부에서 가장 규모가 크고 넓은 부분이다.

랜드마크인가? 에피소드인가?

두 건물 모두 계획안이 발표되었을 때 원초적인 모양에 대한 시민들의 반발에 부딪혔고 런던과 바르셀로나의 시의원들은 각종 규제를 들어가며 반대했다. 그러나 반대의 주된 이유였던 원초적인 모양에는 뚜렷한 친환경과 주변 환경의 상징화라는 각각의 뚜렷한 이유가 있었다. 원초적인 모양은 노이즈 마케팅을 노린 꼼수가 아니라 건축가의 진정성이 담긴 디자인이었다.

많은 경우 건물의 형태는 사람들의 눈을 현혹하기 위해 만들어진다. 간혹 형태 자체로 노이즈 마케팅이 되기도 한다. 일례로 계획안으로 끝나고 말았지만 MVRDV[4]가 설계했던 용산의 고층 주거건물은 9·11 테러 당시의 모습을 연상시키며 전 세계 건축인들을 놀라게 했다. MVRDV가 실제로 의도하지 않았다 해도 본의 아니게 9·11 테러를 건축에 활용한 꼴이 되었다.

건축가로서는 자신의 건물에 덧씌워진 노이즈가 반가울 리 없다. 디자인 의도가 사회적으로 정확히 전달되지 못했다는 의미이기 때문이다. 하지만 대중의 관심이 쓸모없는 것은 아니다. 오해에서 비롯된 부정적 관심은 이해를 통해 긍정적 관심으로 전환할 수 있다. 거킨 빌딩과 아그바 타워를 설계한 두 건축가는 눈에 보이는 원초적인 형상이 전부가 아니라 새로운 시대에 맞는 친환경에 부합하는 지속 가능한 건물임을 보여주며 관계자와 시민들을 납득시켰고, 결국 성공적인 랜드마크를 만들어 도시의 이미지를 새롭게 만드는 데 성공했다.

두 건축물은 건물 자체의 기능적·시각적 특성뿐 아니라, 많은 사람이 관심을 보이고 이야기하는 에피소드 역시 랜드마크가 만들어지는 데 일조한다는 사실을 보여준다. 두 건물의 이미지가 여러 형태를 환기시키며 이야깃거리를 만들어내고 사람들은 그것을 소재로 삼아 소통한다. 엄밀히 보면 두 건물 자체가 소통의 대상이 아니라, 두 건물이 만들어내는 이미지에 대한 제각기 다른 해석들이 소통을 유발한 것이다. 마치 장님 여러 명이 코끼리를 만지고 각기 다른 부분을 설명하는 것과 같을지도 모른다. 건축물 자체가 하나의 의미만을 주기란 이처럼 쉽지 않다.

—— 4

MVRDV은 1991년 네덜란드 델프트 공대 동문인 뷔니 마스(Winy Maas), 야곱 판 레이스(Jacob van Rijs), 나탈리 더 프리스(Nathalie de Vries)가 로테르담에서 창업한 건축가 그룹이다. MVRDV 건축 과정의 핵심은 자료, 사실, 지식을 기반으로 만든 데이터스케이프(Datascape)이며, 건축과 도시 디자인 분야에서 독특한 디자인으로 주목받고 있다.

경제적
도구가
되다

SHANGHAI

상하이,
동서양의 하이브리드

상하이 프로파일

상하이는 야무진 도시다. 동서양의 건축이 어우러져서 계속 발전하는 현재 진행형의 대도시이다. 상하이의 현대적 마천루들은 중국 문화를 상징하는 동양적 모습을 하고 있고, 전통건축과 근대 산업 시설을 재생한 작은 규모의 건축물은 현대적 모습의 창의 센터로 거듭나고 있다. 전통과 근대 유산을 현대화하며 발전하는 상하이의 모습에서 우리는 많은 것을 배울 수 있다.

우리나라는 종종 해외 건축가에게 마천루를 의뢰하곤 한다. 그 경우 대부분 한국적인 상징을 찾아보기 어려운 형태로 건물이 지어진다. 그러나 상하이는 다르다. 비록 아편전쟁(1840~1842) 직후에는 열강의 힘에 밀려 서구의 양식대로 건물을 지었지만, 덩샤오핑(鄧小平, 1904~1997) 이후에는 중국의 문화를 초고층 건물에 투사하여 상징체를 만들어냈다. 지금도 상하이는 전통적 상징이나 색을 현대적으로 해석하여 각양각색의 마천루를 만들고 있다. 추상적인 표현이라 단박에 이해할 수 없는 경우라도 그 의미를 듣고 나면 '그런 뜻이 있구나!' 하고 고개를 끄덕이게 된다.

상하이의 모습을 참조하여 해외 건축가에게 설계를 의뢰할 때 한국적인 멋을 반영해 달라고 요구할 수 있을 것이다. 또한 재생을 통해 역사적 분위기를 형성하는 데에도 상하이의 다양한 재생 프로젝트는 모범으로 삼을 만하다.

오랜 시간 '동방의 파리'라고 불린 도시, 그리고 이제는 현대 중국을 이해하기 위한 열쇠이자 동서양 문화 융합의 용광로인 상하이는 베이징보다 경제적 중요도가 높아지고 있으며, 세계에서 손꼽히는 대도시가 되었다. 1842년 아편전쟁에 패해 상하이를 개항한 이후부터 1949년 세계 제2의 공산국가인 중화인민공화국 수립 이전까지, 상하이는 많은 외국 은행과 회사가 정착한 중국의 무역 경제 중심지였다. 황푸강 서쪽의 와이탄(外灘)에는 영국 홍콩상하이은행, 독일 덕화은행, 일본 횡빈정금은행, 러시아 화아도승은행, 프랑스 동방회리은행, 미국 시티은행, 벨기에 화비은행 등 각국의 재력 있는 은행이 모여 이름하여 '동방의 월 스트리트'를 구성했다.

상하이가 중국 대외 무역의 심장으로 활약하는 동안 합리적이며 계산에 철저하여 경제 분야에 탁월한 상하이인들은 '중국의 유태인'이라는 별명을 얻었다. 이후 '잃어버린 10년'으로 일컬어지는 문화대혁명(1966~1976)[1]을 거치며 국제도시로서 상하이의 명망도 다하는 듯하였다. 그러나 1990년 푸둥(浦東) 개발을 국가적 사업으로 가동하면서 상하이는 다시 재기하였다.

일찍이 개방과 포용의 힘을 통해 성장해온 상하이에서는 대중의 참여를 장려하는 다원주의적 문화와 세계주의 문화가 대세였다. 새롭게 꽃핀 상하이 특유의 문화를 '하이파이(海派)'라고 부르는데 이 문화는 신선함, 다양함, 유행을 추구하는 경향이 짙다. 이와 대조를 이루는 베이징 스타일은 '징파이(京派)'로 불리며, 하이파이가 실질적이고 상업적이라면 징파이는 역사 중심적이고 학문적이다. 그래서 사농공상

1

마오쩌둥(毛澤東)의 주도로 진행된 사회주의 운동으로, 계급투쟁을 강조하는 대중운동이자 그 힘을 빌어 중국공산당 내부의 반대파를 제거하기 위한 권력투쟁이었다.

의 위계에 젖어 있는 베이징의 엘리트들은 상하이 스타일을 종종 폄하한다. 그들은 하이파이를 상업주의와 외국의 영향에 오염된 저급 문화로 보지만 하이파이는 분명 단순한 삶의 방식을 넘어서 동서 융합의 가치를 만들고 있다.

상하이 문화의 동서 융합적 특성은 언어 사용에서도 명확히 드러난다. 중국인과 서양인의 교류가 많아지면서 중국어와 영어를 섞어서 말하는 중국식 영어 '칭글리시Chinglish'가 생겨났다. 칭글리시는 영어의 규칙이나 문법을 지키지 않지만 1994년부터 국제 영어에 추가되는 단어가 생길 정도로 상하이식 표현은 많이 쓰인다. 우리도 쉽게 쓰는 '오래간만이다Long time no see'와 '인산인해people mountain people sea' 등의 숙어는 이미 국제 영어에서도 통용되고 있다.

서울이 한강을 중심으로 강남과 강북으로 나뉘듯 상하이는 황푸강을 중심으로 근대 서양 건축과 중국 전통건축이 조화로운 구 시가지 푸서(浦西)와 1990년부터 개발된 신 시가지 푸동으로 나뉜다. 옛 조계지(租界地)였던 푸서의 와이탄은 신고전주의나 아르데코 풍의 건축물이 공장 건물과 공존하면서 동서 융합의 모습을 띤다. 이는 결국 한 시대를 대표하기도 하지만 한편으로는 식민지 역사의 일면을 간직하고 있다. 그래서 굴욕과 번영의 역사가 교차하는 중국 현대화의 중심에 있었던 상하이는 중국인에게 동경의 대상이지만 정통성의 표상이 될 수는 없었다.

조계지 형성 후 상하이 인구는 크게 증가하였고 스쿠먼(石庫門)이라는 상하이의 대표적인 주거 양식이 형성되었다. 스쿠먼리룽(石庫門裏弄)은 중국과 서양의 주거 문화가 결합된 상하이의 대표적인 근대 도시 집합 주거 형태이다. 중화인민공화국 성립 후, 거주자 대다수가

빈민층이라는 이유로 스쿠먼은 방치되거나 도심 재개발로 인해 철거
위기를 맞았다. 그러나 1990년대부터 역사문화 자원을 보존하고 활
용하려는 움직임이 활발해지면서 스쿠먼과 구도심 공장 건물이 상업
단지나 창의산업단지로 다시 이용되며 상하이의 새로운 역사적 랜드
마크가 되었다.

반면 푸동 루자쭈이(陸家嘴)에는 초고층 건물과 다국적 기업이
들어서 있어 신도시의 모습을 볼 수 있다. 1990년 이래로 진마오 타
워, 상하이 월드 파이낸셜 센터, 상하이 국제금융센터 등이 지어졌고,
지금도 곳곳에서 다양한 디자인의 초고층 빌딩이 건설 중이다. 이런
현대화 경향에 맞추어 2010년 상하이는 세계박람회를 개최해 세계의
관심을 끌었다. '도시'를 주제로 총 192개 국가, 50개의 국제기구가 참
여해 역대 세계박람회 중 가장 큰 규모를 기록했다.

근대건축의 화려한 부활

조계지는 19세기 후반 중국 개항지에 설치한 외국인 거주지로, 조계 내의 경찰권과 행정권을 외국이 직접 행사하였다. 1843년 상하이에 영국 조계지가 최초로 세워졌고 이어 1848년과 1849년에 각각 미국과 프랑스 조계지가 설립되었다. 조계지 내의 외국인은 세계 각국에서 왔으며 제일 많을 때는 58개국을 넘었다. 또한 프랑스 조계지의 시내 중심가인 마당루(馬當路)는 일본이 조선을 침략했을 때 우리나라 독립 투사들이 망명하여 대한민국 임시정부를 수립하고 독립운동을 이어간 곳이기도 하다.

오늘날 '세계 건축 박물관'으로 불리는 황푸강 서쪽의 와이탄은 영국의 조계지가 된 이후 수많은 서양식 건축물이 지어졌고, 여러 나라의 영사관과 은행이 들어서면서 경제, 정치, 문화의 중심지가 되었다. 1949년 중화인민공화국이 수립된 후에는 정부 시설들이 이곳에 자리 잡았다. 현재 와이탄은 주로 기업의 업무 공간으로 쓰이고 있으

며 20세기 초 상하이의 모습을 보여준다.

신톈디(新天地)는 프랑스 조계지 내의 중심 도로에 면하는 주거지 블록이었다. 신톈디는 '새 하늘과 새 땅'이라는 뜻 그대로 완전히 변신한 이곳을 상징하는 말로 통한다.

1920~30년대에 지어진 신톈디 대부분의 스쿠먼리룽 주거 건물은 관리가 되지 않아 붕괴 직전의 상태였다. 이 밀집되고 황폐한 주거 블록에 한때는 약 2,800가구에 8,000명이 넘는 사람이 거주했다. 1996년 상하이 시는 이 지역의 역사성을 유지하면서도 현대적 상업 기능과 주거 기능을 겸비한 복합문화지구로 활성화하고자 개발을 진행하였다. 개발의 목적은 외부의 형태를 그대로 간직하되 내부를 획기적으로 개조하여 단순 박제가 아닌 '옛것과 새로움', '개발과 보존'

의 적절한 조화를 꾀하는 것이었다.

스쿠먼은 화강석 또는 홍색 벽돌로 바깥문의 틀을 만들고, 문, 양쪽에 반원, 삼각 혹은 장방형(長方形)의 문기둥을 만든 것이 특징이다. 돌문(石門)을 뜻하는 스쿠먼으로 불린 이유도 여기에 있다. 문에는 그리스·로마, 르네상스 시대의 조각 혹은 중국식 문양을 새겨 넣었다. 스쿠먼리룽 주택은 보통 큰길과 통하는 두세 곳의 출입구가 있어서 한 건물에 소규모의 여러 가구가 생활하기 적합하도록 되어 있다. 보통 각 층에 방 세 개가 있는 2, 3층 규모의 가옥으로 위층에는 집주인이 살고 나머지는 세를 주기도 했다.

스쿠먼 1층은 쌀집, 잡화점, 이발소 등 상업 시설로 이용되어 그 앞을 뛰노는 어린이나 장을 보러 다니는 여인의 모습 등 상하이인의 삶이 고스란히 남아 있는 역사의 일부분이었다. 따라서 구역의 보존 및 개조를 통한 재개발이 필요했다. 상하이 시는 건축 상태에 따라 우수, 중급, 불량의 세 단계로 나누어 보존과 개조를 진행하였다. 이렇게 분류된 건축물들은 각기 완전 보존, 부분 보존, 정면만 보존하는 완전 개조, 신축을 전제로 한 완전 개조 등 4가지 유형으로 다시 나뉘었고 그에 맞추어 개발되었다.

1925년에 지어진 '1 신톈디'라는 건물은 유럽 스타일로 실내를 장식한 3층 높이의 집합 주거 건물이었다. 이 건물은 오랜 기간 방치되어 있었지만 기초와 상부 구조를 강화하는 공사로 보완하여 현재는 역사적인 맥락을 지키는 동시에 새로운 상업 및 생활적 요구를 만족시키는 대표 건물로 자리를 지키고 있다. 신톈디 재개발 계획은 스쿠먼리룽 주거 단지의 외관을 최대한 보존한 상태에서 내부에는 현대적 생활을 담고 외부 공간에는 현대적 도시 개념을 결합하여 보존 및 개

신톈디
신톈디는 현재 상하이에서 가
장 세련된 쇼핑 명소로 자리
잡았다. 돌문이 나 있는 외부
는 옛 모습을 유지하고 있지만
내부는 현대적인 인테리어로
고전과 현대의 조화를 이룬다.

조를 시도한 사례이다.

신톈디는 현재 상하이에서 가장 유명한 관광 및 소비 지역의 하
나이다. 밖에서 보면 근대 중국의 풍경을 만끽할 수 있고, 안으로 들어
가면 서양식 레스토랑, 바, 카페 등이 있어 유럽 노천카페에 있는 듯
한 새로운 느낌을 전한다. 신톈디 재개발 프로젝트를 통해 19세기 상
하이 정취에 현재의 화려함과 서구적인 요소를 갖춰 외국인에게는 상
하이의 전통을 보여주고, 역으로 중국인에게는 외국의 풍경을 맛보게
하는 곳이 되었다.

신톈디가 서양적인 요소와 함께 어우러진 재생을 특징으로 한다
면 티엔즈팡(田子坊)은 지역 주민의 자발적 재생을 특징으로 한다. 티
엔즈팡은 상하이 소호Shanghai SOHO라고도 불린다. 티엔즈팡은 중국 고
대 화가의 이름에서 따온 명칭으로 화가 진이비(陈逸飞)와 사진작가
너동강(爾東强)을 비롯한 상하이의 유명 예술가들의 작업실과 갤러리
가 들어오면서 점차 사람들에게 알려졌다.

원래 이곳에는 프랑스 양식의 단독 주택과 스쿠먼 주택이 공존

하고 있었다. 이와 같은 다양한 주거 양식은 티엔즈팡만의 독특한 풍경을 만들었다. 1930년대에 세워진 룽탕 공장 지대였던 이 지구는 1998년 방치된 여섯 개의 폐공장을 리모델링하고 상하이에서 활동하는 예술가들에게 작업실로 임대해주면서 티엔즈팡 예술 단지의 서막을 열었다.

티엔즈팡
서민의 생생한 삶이 담긴 거리 모습을 간직한 채 기존 건물 내부에 다양한 문화예술 공간을 배치한 티엔즈팡은 보존과 개발이 균형을 이루며 지역을 활성화시킨 성공 사례이다.

　　1998년, 폐공장과 스쿠먼리룽 주거가 공존하는 낙후 지역이었던 타이캉루(泰康路)에 이루파(一路發) 문화발전회사가 처음으로 입주하였다. 이후 상하이에서 활동하는 예술가들의 작업실과 공예품 상점이 타이캉루 가로변으로 들어섰다. 1999년 루완구(盧灣區)는 타이캉루를 공예품 특색 거리로 지정하고 예술을 통한 지역 활성화를 기대하였다. 유명 예술가들의 입주에 힘입어 지역 예술가, 화가, 디자이너 들이 공장 지구에 하나둘씩 작업실을 내기 시작하였고 그때 비로소 '티엔즈팡'이라 이름을 붙였다.

　　이후 국내외 예술가들이 티엔즈팡 예술 단지에 작업실을 얻고자 이곳을 찾았지만 당시 공장 지구에는 더 이상 임대할 수 있는 장소가

2

중국의 창의산업은 건축, 디자인, 패션을 포함해서 음악, 연극 등 문화 예술 전체를 아우르는 문화산업 육성 정책이다. 특히 상하이는 공업 시설이 도시 외곽의 공업단지로 이주하면서 방치된 오래된 건축물을 리모델링하여 역사적인 느낌은 살리고, 여기에 새로운 산업 요소를 가미해 창의센터를 형성하였다.

없었다. 2004년 11월 티엔즈팡 스쿠먼리룽 거주민이 처음으로 자신의 집을 디자이너에게 임대했고, 창의산업²이 스쿠먼 주거 지구로 확산되면서 더 많은 주민이 참여하였다. 2005년 4월에는 티엔즈팡이 상하이 창의산업집결구(上海創意産業集聚區)로 지정되었고, 2006년에는 '중국 창의산업대상'을 받았다. 주민들의 적극적인 참여에 힘입은 바가 컸다.

2007년 12월 상하이 정부는 티엔즈팡 공작연석회의(田子坊工作聯席會議)를 열었고, 2008년 2월에 티엔즈팡 관리위원회를 설립하였다. 현재 티엔즈팡과 그 주변 지역은 상하이 퉁지대학 건축학과 교수 롼이산(阮儀三)이 2007년에 제출한 '루완구 티엔즈팡 기능확장개념계획'을 기본으로 보존과 개발을 병행하고 있으며, 프랑스, 덴마크, 영국, 캐나다 등 18개국과 지방의 162개 기업이 참여하여 인테리어, 시각 예술, 공업 예술을 위주로 한 예술 단지로 성장시키고 있다. 티엔즈팡은 새로운 마스터플랜 없이 주민의 자발적인 의지로 재개발을 시작하여 성공적으로 추진한 사례이다.

신톈디의 성공 이후 서비스업, 특히 디자인 서비스업으로 자본의 맛을 본 덕택에 창의산업은 도시 발전의 키워드가 되어 '중국 제조'라는 발전 시대의 모토를 '중국 창의'로 새롭게 하였다. 상하이 시내 곳곳에 조성된 창의산업단지는 티엔즈팡, M50, 8호교(8號橋), 1933 라오창팡(老場房), 홍방(紅坊) 등으로, 민간 자본이 형성한 곳까지 하면 그 수가 2012년 기준으로 100여 개에 이른다. 그중 절반이 연구 개발, 건축 및 패션 디자인, 문화·예술 관련 업종의 사무실 및 가게, 행사장 등으로 사용되는 문화산업단지로 개발되었다.

그중 8호교는 상하이에서 첫 창의산업단지로 지정된 문화·예술 복합체의 하나로, 프랑스 조계지의 낡고 허름한 자동차 브레이크 생산 공장을 재생하여 만들었다. 옛 공장의 구조체를 대부분 유지하되 전벽돌[3]의 패턴에 변화를 주어 파사드를 새롭게 만들어 8호교만의 독특하고 모던한 특징을 보여주면서도 중국적인 자연스러움을 지니고 있다. 건물과 건물을 잇는 통유리 다리는 도로를 사이에 두고 떨어져 있는 사무실을 연결해서 복합 단지를 형성하였다. 이곳은 2004년 12

8호교
과거에 자동차 브레이크 생산 공장이었던 8호교는 상하이의 첫 창의산업단지로 재생되어 외형적인 특이함과 함께 새로운 업무공간으로 부각되었다.

—— 3
흙을 구워 정사각형 또는 직사각형의 납작한 벽돌 모양으로 만든 동양의 전통건축 재료이다.

월 말에 완공되어 80퍼센트가 사무공간으로 사용되고 나머지가 식음료 공간으로 사용되고 있다. 8호교를 설계한 일본 건축 사무소 HMA를 비롯하여 중국, 홍콩, 마카오, 일본, 미국, 이태리 등에서 진출한 70여 개 창의기업이 입점해 있다.

하이파이 스타일의 마천루 숲

한때 상하이에는 "푸동에 있는 집 한 채보다 푸서에 있는 침대 한 칸이 낫다"라는 말이 나돌 정도로 푸동은 허허벌판이었다. 그러나 1980년대 덩샤오핑의 개혁·개발 정책하에 도심 개발과 위성도시 건설에 주력하면서 국가 차원의 푸동 개발이 진행되었다. 고층 건물과 함께 양푸대교, 황푸강 해저 터널 등의 도시 인프라를 건설하고 공항, 항구, 지하철 등의 사회간접자본을 갖추었다. 이를 바탕으로 푸동 루자쭈이(陸家嘴)는 금융 무역 지구이자 중국과 세계, 현재와 미래를 잇는 상하이의 랜드마크로 개발되었다. 루자쭈이는 동서양의 하이브리드가 이루어진 상하이 양식의 마천루 숲이다. 의미 없는 박스 형태의 건물을 지양한 덕분에 동양적인 개념에서 비롯된 개성 강한 마천루들로 빼곡하다.

상하이의 상징이 된 붉은색 TV 수신탑이 바로 이곳에 있다. 동방명주(東方明珠)라고 불리는 이 수신탑은 아시아에서 가장 높은 TV 수신탑인데, 직설적인 구슬 형태 때문에 혹평을 받기도 했다. 꼭대기까지의 높이는 468미터이며 호텔과 전망대, 레스토랑 등을 갖추고 있다. 상하이 모던 건축디자인 주식회사Shanghai Modern Architectural Design Co. Ltd.에서 설계했으며 당나라의 시(詩)에서 모티브를 따왔다고 한다.

동방명주 탑은 11개의 크고 작은 구형 매스로 이루어진 독특한
모습을 하고 있는데, 특히 붉은 진주 구슬처럼 보이는 2개의 큰 구형
건물은 주변에 있는 상하이 국제회의센터의 큰 구형 건물과 어우러져
"크고 작은 진주 구슬이 옥쟁반에 떨어진다"는 당나라 백낙천(白樂天)
의 시를 연상시키려는 의도를 잘 드러낸다.

동방명주 지하에 위치한 상하이 역사 박물관은 파란만장한 상하
이 100년사를 보여준다. 전시관 안에는 각양각색의 외국인 주거지 모
습, 화교와 서양인이 함께 생활했던 조계지, 그리고 동서양의 양식이

동방명주와 진마오 타워
두 개의 붉은 진주 구슬이 눈
길을 사로잡는 건물이 동방명
주, 두 번째로 높은 건물이 진
마오 타워이다.

© Jakub Hatun   © Christof Berger

**상하이 월드 파이낸셜 센터와
진마오 타워**
상하이 월드 파이낸셜 센터와
진마오 타워는 기존의 초고층
건물과는 다른 형태를 취하고
있다.

조합된 스쿠먼 등이 진열되어 상하이를 방문한 외국인에게 상하이 근
대사를 생생하게 말해준다.

2006년부터 불어닥친 상하이의 건설 붐은 눈이 부실 정도였다.
미국 건축 설계 회사인 SOM의 아드리안 스미스(Adrian Smith)가 설계
한 진마오 타워(金茂大厦)는 90년대 중반부터 중국에서 가장 높은 건
축물임을 자랑하다가 2008년 상하이 월드 파이낸셜 센터에 그 타이
틀을 넘겨주고, 현재는 '세계에서 가장 긴 세탁물 투하구를 가진 호텔'
이란 재미있는 타이틀을 유지하고 있다.

　　　경제적 도구가 되다

421미터 높이의 진마오 타워는 미래 세계의 중심으로 우뚝 설 상하이의 경제적·역사적 역할을 상징한다. 상하이 사람들은 세계를 향해 열린 상하이의 횃불이라며 자랑스럽게 여긴다. 진마오 타워의 설계 개념은 현대적이고 비상하는 상하이에 걸맞은 랜드마크를 창조하는 것이었다. 이를 위해 전통적인 탑 모양을 현대적 형상으로 설계하여 상하이의 힘과 의지를 표현하였다. 고대 중국 탑의 형상을 따와 건물 고층부로 올라갈수록 매스가 후퇴하게 만들어 건물 외관에 리듬감 있는 패턴을 주었고, 첨탑(尖塔)은 상하이의 다른 건물에서도 식별할 수 있도록 수직성을 강조하였다. 이 첨탑에 야간 조명을 켜면 상하이 스카이라인의 등대 같은 분위기가 연출된다.

상하이 월드 파이낸셜 센터Shanghai World Financial Center는 기존의 초고층 건물과는 상당히 다른 형태를 가지고 있어 초고층 형태의 변화를 이끈 건물로 손꼽힌다. 단순하면서도 유려한 형태는 풍하중에 적극 대처하는 구조 개념structure concept에 적합하다. 건축 설계는 미국의 고층 건물 전문회사인 KPF에서 맡았다. 건물 최상부에 사각형 개구부(開口部)가 있는데 사실 설계 당시에는 원형이었으나 일장기를 연상케 한다는 자국민의 반발로 나중에 수정되었다. 특이한 모양 때문에 '병따개'라는 애칭으로 불리기도 한다. 건물 최상부에는 전망대가 있어 상하이와 그 너머의 장관을 즐길 수 있다.

경쟁이라도 하듯 나란히 솟은 두 타워 바로 옆에 건설 중인 상하이 타워Shanghai Tower는 미국 건축 설계 회사 겐슬러Gensler에서 디자인했다. 상하이 타워가 완공되면 높이 632미터에 124층으로 상하이 월드 파이낸셜 센터(높이 492미터, 101층)를 제치고 중국에서 가장 높은 빌딩이 될 것이다.

© Yhz1221

2008년부터 건설하기 시작한 상하이 타
워에는 각종 기업체 사무실과 쇼핑 센터, 컨
퍼런스 센터와 고급 호텔 등이 들어설 예정
이다. 빌딩은 '용이 하늘로 승천하는 형상'으
로 지어질 계획이다. 이 모양은 바람의 영향
을 줄이는 효과도 있는 것으로 알려졌다. 타
워가 완공되면 바로 인근의 진마오 타워, 월
드 파이낸셜 센터와 함께 상하이 3대 건물로
자리 잡아 상하이 마천루의 새로운 스카이라
인을 선보일 전망이다. '수직으로 지어진 도
시'라고 칭해도 과언이 아닌 상하이 센터는
완공 후 상하이의 새로운 랜드마크로 자리
잡을 것으로 보인다.

전통과 현재의 공존

중국 문화를 상징하는 상하이의 마천루들
은 우리의 건축문화에 많은 배울 점을 제시
한다. 우리나라는 마천루 건물을 이름난 해
외 건축가에게 의뢰하여 건물에 명성을 입히
는 데 급급하였다. 이 과정에서 한국적 상징
을 전혀 고려하지 않은 국제적인 형태의 건
물이 지어지곤 한다. 물론 새롭게 만들어가

는 현대시대에 우리나라의 지역색을 넘어선 국제성을 지향할 수도 있다. 누군가는 해묵은 전통 논쟁에 노이로제를 느낄지도 모르겠다. 그러나 문화적 축적 없이 다른 나라와 차별화되는 한국의 현대적인 모습을 만들기는 어렵다. 탄탄한 문화적 배경을 토대로 건축가의 창조적인 디자인이 발현될 때 비로소 고유의 정체성과 한국적 힘이 느껴지는 것이다.

1990년대부터 상하이 마천루에 중국 문화의 상징을 담으려던 시도는 20년간의 경험을 축적하여 점차 세련되고 개성 있는 중국만의 마천루를 만들어가고 있다. 이런 현상은 중국인 건축가와 외국 건축가에게서 공통으로 나타나고 있다. 문화를 반영한 기존 건물들의 힘이 그 주위 건물에 자연스레 전파된 것이다. 이는 문화의 힘이 개인의 창조력보다 중요함을 새삼 일깨워준다.

우리는 상하이의 사례를 참고하여 한국적인 멋을 느낄 수 있는 도시 배경을 만들어야 한다. 그래야 외국 건축가가 설계를 맡더라도 자연스레 그 멋을 느껴 건축에 반영할 수 있을 것이다. 또한 우리 스스로의 디자인으로 마천루를 만들 때도 지켜야 할 프로파일의 기준을 만들어야 한다. 우리나라도 이제 건축 디자인에 법규와 심의에 의한 기준 이상의 문화적 책임감을 부여할 때가 되었다.

상하이 타워
상하이 타워는 용이 하늘로 승천하는 모습을 건축적으로 표현하였다.

DUBAI

두바이,
탈석유정책의 허울

두바이 프로파일

중동에 가보면, 고속도로는 쓸데없이 나 있는 것처럼 보이고 시내에는 세계 유명 건축사무소들이 성의 없이 설계한 듯한 건물이 즐비하다. 석유도 많은데 해수를 담수화하는 수력발전소는 왜 만든 건지 의문이 들기도 한다. 현지인들은 일을 하지 않는 것 같고 주말의 시내 공터에는 온통 외국인 노동자들이 모여 서서 담소를 나누고 있다. 상식적으로 이해가 되지 않는 중동의 이 같은 도시 환경은 두바이가 대규모 개발 사업으로 세계의 주목을 받으면서 전 세계적으로 알려졌다.

두바이의 초고층 건물들은 넘치는 오일 달러를 주체하지 못해 자랑삼아 개발한 것처럼 보이지만, 실은 앞으로 고갈될 석유를 대체할 경제 수단을 찾고자 하는 속내가 담겨 있다. 이른바 탈석유정책을 시도하는 것이다.

석유 이외에 다른 자원이 풍부할 리 없는 사막에서 기댈 곳이라곤 3차 산업밖에 없다. 그래서 사람과 재화가 모일 수 있는 금융, 유흥, 마이스MICE 산업(기업 행사와 관광산업을 결합한 개념으로 Meeting, Incentive, Convention, Exhibition의 머리글자를 딴 것이다) 등 새로운 산업에 투자하고 있으며, 볼거리를 만들기 위해 인간의 상상력을 최대한 발휘하여 여러 시설을 사막 위에 짓고 있다. 사막에 들어선 라스베이거스처럼. 지금 광활한 사막에 두바이가 만들어지고 있다.

두바이는 세계 최고층 빌딩, 인공 섬 프로젝트 등 세계적으로 유래가 없는 다양하고 경이로운 개발 사업으로 세계 언론의 주목을 받으며 많이 알려졌으나 규모로만 따지면 아랍에미리트연합UAE의 7개 토후국(土侯國) 중 하나일 뿐이다. 아랍에미리트연합의 경제는 상품 생산 측면에서는 수도인 아부다비Abu Dhabi의 원유 생산(GDP의 60퍼센트)에 크게 의존하고 있으나, 서비스 생산 측면에서는 두바이의 건설, 금융, 관광 산업의 비중이 높은 편이다.

두바이는 아랍어로 '작은 메뚜기'를 뜻하며, 면적은 제주도의 2.1배에 불과하다. 1966년 석유가 발견되면서 두바이에 상업이 싹트고 항만 서비스에 대한 수요가 높아지기 시작했다. 전 세계 사람들은 '중동의 오일 머니' 하면 가장 먼저 두바이를 떠올리며 두바이가 세계 최대 원유 생산국이라 생각하지만 사실은 아부다비가 아랍에미리트연합의 석유 자원을 대부분 소유하고 있다. 두바이는 대략 40억 배럴(UAE 총 석유량 982억 배럴)을 가지고 있어 알고 보면 얼마 되지 않는다. 이마저도 30~40년 후면 매장량이 바닥날 것으로 예측하고 있다.

그러므로 두바이가 추진하는 탈석유정책은 단순히 돈이 남아서 행하는 사치성 개발이 아니다. 두바이는 산업의 석유 의존도 0퍼센트를 목표로 삼고 있으며 현재 석유 의존도를 4퍼센트대까지 떨어뜨렸다. 두바이의 탈석유정책 중에 가장 눈에 띄는 것으로는 철저한 무역 개방 정책을 들 수 있는데 두바이 정부가 지정한 자유무역지대에서는 모든 세금(수출입 관세, 법인세, 개인소득세)이 면제되고 무제한으로 외국환 거래가 가능하다.

세금 면제 정책을 통해 만들어진 자유무역지대는 13곳으로 '시티'나 '센터', '빌리지' 등의 이름이 붙어 있으며 오락, IT, 미디어 등 주제별로 10여 개 경제자유구역을 추가로 조성 중이다. 대표적 자유무역지대로는 '제벨 알리 자유무역지대Jebel Ali Free Zone'가 있다. 이곳은 부지를 99년간 임대해주고 법인세, 자유소득세, 지방세 등 세금을 걷지 않으며 외국인 노동자 고용이 자유롭고 수익 전부를 본국에 송금할 수 있는 등 기업이 자유롭게 경제 활동을 할 수 있는 여건을 제공하고 있다.

각종 특혜에 힘입어 이미 100개국 이상에서 6,400여 개의 기업이 들어섰고, 세계 500대 기업 중 140여 업체가 입주해 있다. 그중 70퍼센트 이상이 무역, 창고업 등 물류 기업이다. 항만에 입항한 지 하루 이틀이면 화물 수송이 가능할 만큼 체계적인 물류 시스템을 갖추고 있는 것도 경쟁력을 높이는 무기이다. 이처럼 잘 갖춘 기반은 두바이 항만의 눈부신 성장으로 이어졌다.

두바이의 탈석유정책을 이끌고 있는 지도자 세이크 모하메드 빈 라시드 알막툼(Sheikh Hamdan bin Mohammed bin Rashid Al Maktoum)은 "무엇이든 우주에서도 보일 정도로 커야 하고 스테로이드를 맞은 건축물처럼 우뚝 솟아야 한다"고 했다. 그 결과 단순한 잡종이 아니라 섬뜩한 키메라chimera[1]가 탄생했다. 에펠, 디즈니, 스필버그, 존 저드(John Jerde), 스티브 윈(Steve Wynn), SOMSkidmore, Owings and Merrill 등 랜드마크를 설계한 사람들이 만든 거석 판타지가 뒤죽박죽으로 결합한 것이다.

두바이는 라스베이거스, 맨해튼, 올랜도, 모나코, 싱가포르 등 여러 곳과 비교되지만 오히려 이 모든 곳의 총합이자 신화화에 가깝다.

—— 1
서로 다른 종끼리의 결합으로 새로운 종이 만들어진 현상이다.

두바이는 지도자의 야망이 만들어낸 랜드마크 도시라고 할 수 있다. 세계 경제 불황으로 위기를 겪기도 했지만 지금도 두바이의 건축은 밤낮으로 빛을 내고 있다.

사막에 생명을 불어넣는 건축적 상상

부르즈 할리파(Burj Khalifa, 할리파의 탑)는 두바이의 신도심에 있는 초고층 건물이다. 이전 이름은 부르즈 두바이Burj Dubai였으나, 두바이 모라토리움moratorium(채무 상환 유예) 선언 후 공사 지속을 위해 100억 달러를 원조한 할리파[2]에 대한 감사의 마음으로 부르즈 할리파로 개명하였다. 건축가는 2006년까지 SOM에서 일했던 아드리안 스미스 (Adrian D. Smith)이다. 2009년에 완공되어 2010년에 개장한 부르즈 할리파는 세계에서 가장 높은 인공 구조물로서 상업 시설, 거주 시설, 오락 시설 등을 포함한 대규모 복합 시설을 갖추었다.

특히 부르즈 할리파는 3일에 1층씩 올라가는 최단기간 공기(工期) 수행 기술과 고강도 콘크리트 기술, 콘크리트를 고층으로 직접 펌프로 쏘아 올리는 기술을 선보여 주목받았다. 또한 약 126층 높이인 452미터까지 한 번에 콘크리트를 올리는 신기록을 세웠다. 삼성물산이 말레이시아 페트로나스 타워Petronas Towers 건설 경험을 바탕으로 공사를 수주하여 화제가 되기도 했다. 부르즈 할리파 타워는 높이 800미터(170층)가 넘는 세계 최고층 건물로 높이에 걸맞게 건물 연면적도 어마어마해 잠실종합운동장 쉰여섯 배 넓이인 15만 평에 달한다.

부르즈 할리파와 함께 두바이를 상징하는 부르즈 알 아랍Burj al

——— 2
할리파 빈 자이드 알나하얀 (Khalifa bin Zaid al-Nahayan), 아랍에미리트의 대통령이자 아부다비의 통치자이다.

부르즈 할리파
부르즈 할리파는 두바이에서 뿐만 아니라 세계에서도 가장 높은 인공 구조물로서, 최신 시공 기술 덕에 단기간에 실현되었다.

Arab은 1994년에 건설이 시작되었다. 부르즈 알 아랍을 설계한 건축가
톰 라이트(Tom Wright)는 다음과 같이 말한 바 있다.

> 건축주는 이 건물이 두바이의 우상이자 상징이 되기를 원했다. 오스트레일리
> 아 시드니에 있는 오페라하우스라든지, 파리에 있는 에펠탑처럼 말이다. 두바
> 이 하면 딱 떠오를 만한 건물을 지어야 했다.

부르즈 알 아랍은 해변에서 280미터 떨어진 인공 섬에 지어졌
다. 건물의 기초는 암반이 아니라 박아 넣은 파일pile과 모래의 마찰로
지지되고 있다. 건물 안에 있는 아트리움은 180미터 높이로 세계에서
가장 높다. 시공 중에는 사막의 열사에 대응하여 냉방을 하였고 냉방
에 따른 습기를 방지하기 위하여 저온 에어 포켓cold air pocket을 아래로
보내 공기를 순환시켰다. 이러한 공기완충존으로 큰 비용을 들이지
않고서도 내부의 온도를 조절할 수 있었다.

구조는 강화 콘크리트 타워를 둘러싼 철골 외골격exoskeleton을 이
용하여 아랍 지역의 전통적인 범선인 다우Dhow의 돛 모양을 모방하였
다. V자 모양을 한 두 개의 '날개'가 거대한 '돛대'를 형성하며 뻗어 나
온다. 양 날개 사이의 공간은 파이버글래스[3]가 첨가된 PTFE[4] 소재의
'돛'으로 둘러싸여 있다. 돛은 건물 앞면에서 굴곡을 이루며 안쪽에 아
트리움을 형성한다. 이 외피는 사막의 뜨거운 태양과 모래 바람으로
부터 건물을 보호하며 50년 이상 상태를 유지할 것으로 전망된다. 부
르즈 알 아랍은 PTFE로 외관을 갖춘 세계에서 가장 높은 건물이기도
하다.

낮에는 하얀색 PTFE 덕분에 호텔 안에 부드러운 빛이 들어온다.

3

용융한 유리를 섬유 모양으로
만든 광물섬유(인조섬유)로 단
열재와 방음재 등에 석면 대체
물질로 사용된다.

4

폴리테트라플루오로에틸렌의
약어. 불소 수지로 내약품성
이 뛰어나며, 다양한 온도에서
도 특성이 변화하지 않는다. 전
기 특성도 양호하며, 불연성으
로 내후성도 좋고 비점착성으
로 마모계수도 작으며 무독성
이다.

경제적 도구가 되다

두바이 해안
두바이 해안에 만들어지고 있
는 인공 섬들이 한눈에 들어온
다. 왼쪽부터 팜 제벨알리(Palm
Jebel Ali), 팜 주메이라(Palm
Jumeirah), 더 월드(The World),
팜 데이라(Palm Deira) 순이다.

투명한 유리로 처리했으면 눈이 멀 정도의 섬광이 비쳤을 것이고, 온도도 내내 상승했을 것이다. 밤에는 천 안팎으로 색이 변하는 조명을 비춘다. 실내는 동서양의 호화로운 건축 양식으로 화려함을 추구하였다. 호텔 내부에 사용한 8,000제곱미터 면적의 22캐럿 황금박gold leaf과 30여 종 2만 4,000제곱미터 면적의 대리석 등이 대표적이다. 전체적으로 아름다운 조형물이라 찬사도 받았지만 동시에 지나치게 사치스런 모습으로 비판도 많이 받았다.

부르즈 알 아랍에 대한 비판의 배경에는 과연 부르즈 알 아랍이 탈석유정책일까 하는 의문이 깔려 있다. 정확히 말하면 부르즈 알 아랍은 탈석유정책의 한켠에 서 있는 동반 개발이다. 지금은 많은 비판을 받고 있지만, 후세에 이야깃거리로 남을지도 모를 일이다.

두바이의 더 월드The world는 작은 인공 섬으로 세계 대륙의 모양을 표현한 휴양지이다. 두바이 해안에서 8킬로미터 떨어진 바다 위 원형(지름 7킬로미터, 면적 약 50제곱킬로미터)에 지구의 일곱 대륙과 수백 개의 인공 섬을 만들고 그 위에 건축물을 짓는 프로젝트인데 약 10년이라는 어마어마한 시간이 걸리는 대규모 사업이다.

두바이 정부는 전 세계 부자들에게 이 휴양지에서 자신의 섬을 소유할 수 있다고 홍보하여 많은 투자를 받아냈고, 그 투자를 기반으로 공사를 진행하고 있다. 하지만 바다 위에 인공 섬을 짓는 공사는 해양 환경을 해칠 수밖에 없었고, 당연히 환경 보호론자의 반대에 직면했다. 정부는 이를 해결하기 위해서 자연 석재 및 모래를 사용하고 여러 재료를 친환경 소재로 대체하는 등 많은 노력을 기울였다.

그러나 프로젝트를 진행하면서 더 큰 문제점이 발견되었다. 휴양지가 완공되더라도 파도와 태풍의 영향으로 섬이 얼마 안 가서 없어

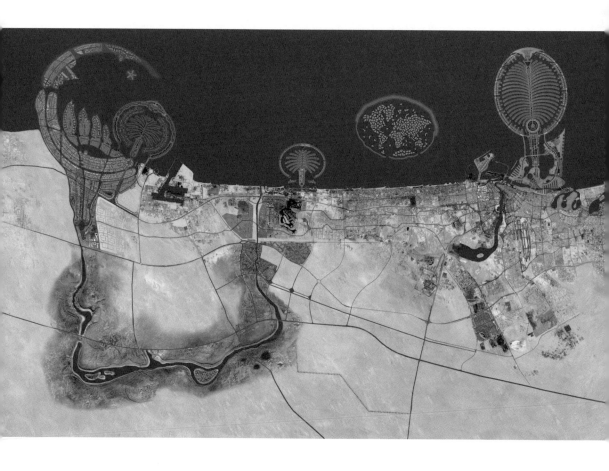

질 것이라는 예상이었다. 이 문제를 해결하기 위해서 도입한 것이 방
파제 건설이다. 팜 아일랜드Dubai Palm Island5처럼 파도를 막을 수 있는
구조가 없기 때문에 인공 방파제를 만드는 것이었다. 하지만 팜 아일
랜드와 달리 눈에 띄는 인공 방파제는 더 월드의 미관을 해칠 수 있었
고 두바이 총리는 이를 달가워하지 않았다. 설계자는 많은 고민 끝에
산호초에서 힌트를 얻은 계단식 방파제를 건설하기 시작했다. 산호초

—— 5

팜 아일랜드는 야자나무 모양
을 본뜬 세 개의 인공 섬이다.
팜 제벨알리, 팜 주메이라, 팜
데이라로 구성되어 있다.

팜 주메이라
팜 주메이라는 두바이 팜 아일
랜드 프로젝트의 첫번째 인공
섬이다. 세 개의 인공 섬 중 가
장 규모가 작다.

가 바다 속에서 성장하면서 파도의 영향을 줄이는 현상을 이용한 것
이다. 하지만 이 계획도 많은 시행착오를 겪으면서 시공에 착수하기
까지 많은 돈과 시간이 소요되었다.

세계 유일이자 최대의 휴양지를 만들기 위한 시행착오는 아직
끝나지 않았다. 방파제 건설로 인해 섬들 사이의 바닷물 흐름이 방해
를 받았고 시간이 흐르면 방파제 안쪽의 섬들이 썩어서 습지로 변할
수 있다는 결과가 나온 것이다. 이를 해결하기 위해서 방파제 중간에
간격을 두어 물길을 만드는 방법을 강구했지만, 이 밖에도 해결되지
않은 문제점들이 여전히 존재한다.

고층 건물의 저주

2008년 9월 두바이는 팜 아일랜드에 세계 최고의 호텔 아틀란티스를 개장했다. 역시 두바이란 이름에 걸맞게 해양 테마 공원을 갖추고 있으며 객실이 1,539개에 달하는 대형 호텔이다. 대규모 수족관을 설치하여 호텔 어디서나 바다 속과 같은 느낌이 나도록 설계된 이 호텔은 개장 불꽃놀이를 위해 무려 2,000만 달러를 썼다. 이는 사상 최대의 불꽃놀이였는데 이는 두바이 몰락의 전주곡이 되었다. 리먼 브라더스의 몰락을 시작으로 세계 경제 위기가 닥쳤기 때문이다.

두바이 팜 아일랜드에서 초호화 불꽃놀이를 선보이며 개장한 호텔 아틀란티스

　한때 전 세계 타워 크레인tower crane의 70퍼센트 이상이 두바이에서 가동 중이라는 소문이 있을 정도로 두바이는 개발에 치중해왔기 때문에, 다른 국가보다 경제 위기에 취약할 수밖에 없었다. 두바이는 투자자들을 안심시키기 위해 개발이 문제 없이 지속될 것이라고 강조했지만, 부동산 가격 폭락과 함께 외국인이 대거 빠져나갔고 두바이의 재무 상태에 대한 우려 섞인 보도도 간간히 이어졌다. 사막의 기적으로 세계의 주목을 받았지만 두바이 경제와 재정에 대한 속사정을 외부에서는 제대로 가늠하기 어려웠다.

　해외의 비관적인 보도가 이어지던 2009년 11월, 마침내 두바이 개발을 주도해왔던 국영 두바이 월드가 2010년 5월까지 모라토리움을 선언했다. 총 부채 규모가 약 800억 달러에 이르렀다. 두바이는 개발과 개방을 통해 투자 자금 확보와 투자자 유치가 어려워지자 위기에 몰렸다.

　고층 건물의 저주Skyscraper Curse라는 얘기가 있다. 신기록을 갈아치우는 초고층 건물이 들어설 때마다 그에 걸맞은 커다란 경제 위기가 찾아온다는 것이다. 고층 건물이 계획되는 시기는 부동산 경기가 좋을 때라 대규모 개발을 통해 경제 활성화를 촉진하지만 이런 식의 개발은 수익성과 위험을 제대로 평가하지 못한 과잉 투자의 산물이며 결국 건물이 완공될 즈음이면 심각한 경제 불황을 맞는다는 것이다.

두바이에서 진행된 대규모 개발은 처음부터 외국인의 투자가 필요했다. 두바이는 2002년 국적에 상관없이 두바이 부동산을 소유할 수 있다고 선언하면서 대규모 개발에 필요한 투자자를 불러모았다. 그리고 투자자에게 두바이가 명실상부한 중동의 허브이며 투자 가치가 충분한 곳이라는 확신을 심어주기 위해 새로운 사업 계획을 내놓았다. 새로운 사업 계획은 더 많은 투자를 필요로 했고, 이는 또 다른 사업 계획으로 이어졌다. 결국 새로운 사업 계획을 계속 보여줘야 하는 구조가 되었다.

그렇기 때문에 두바이에서는 수요와 무관하게 건설이 이루어지고 있다. 불특정 외국인들을 대상으로 하기 때문에 현실적으로 정확한 수요 분석이 어려운 것이 사실이다. 따라서 '일단 짓자'라는 사고가 지배적이다. 실제로 인공 섬 구매자의 75퍼센트는 외국인이다. 주택의 경우 2000년에 14만 5,363동이 건설되었는데 2005년에 23만 7,728동이 세워져서 5년 만에 총 물량이 64퍼센트 증가하였다. 앞으로도 20만 채의 주택이 신규 공급될 계획인데, 두바이인들은 이미 주택을 소유하고 있으므로 이 물량을 소화하기 위해서는 80만 명의 고소득 외국인이 두바이로 유입되어야 한다. 두바이의 다양한 이벤트와 관광 산업은 사실 지어놓은 집을 판매하기 위한 마케팅 전략이다.

이러한 무모함은 어디서 나온 것일까? 두바이의 지칠 줄 모르는 개발은 자본의 멈출 수 없는 순환 과정을 보여준다. 사업 중단은 자본의 유휴화(遊休化)로 인해 디플레이션으로 이어질 수 있기 때문에 자본의 순환을 위한 건설 사업은 계속될 수밖에 없다. 끝없이 개발하지 않을 수 없는 구조, 그것도 비용이 많이 들어가는 랜드마크를 계속 건설해야 하는 구조, 그러나 국가 운영의 투명도는 극히 저조하여 비용 대비 투자 수익을 정확히 알 수 없는 구조는 두바이 경제를 외부의 충격에 취약하게 만들었다. 내부 인적자원 없이 외국의 노동자와 자본에만 의존하는 경제 성장은 근본적인 한계를 내포하고 있다.

그러므로 두바이는 고급 휴양지 개발을 멈추지 않을 것이다. 세계 최고의, 최대의, 유일의 구조물을 꾀하는 두바이 정부의 야심찬 계획을 보면 놀랍긴 하다. 또한 자연 경관과 환경을 해치지 않는 범위에서 진행된 일련의 공사 과정은 환경 문제로 시름하고 있는 전 세계에 기술 적용의 좋은 예를 보여준다. 혹시 언젠가는 탈석유정책을 추구하며 화석 에너지의 사용을 줄이는 두바이의 친환경 건설 방식이 세상에 대안적인 건축 설계와 건설 방식을 제시할지도 모를 일이다.

두바이 모델이 우리에게 시사하는 점은 태백의 폐광 같은 볼모지 개발과 서해안 간척지 개발 등 부동산 호재가 있을 때 개발의 양상이다. 마치 미다스의 손Midas Touch처럼 볼모지에 호황을 일으키기 위해 카지노를 유치하고 마이스 산업을 육성하여 소비 지향적인 곳으로 만든다. 두바이의 개발도 탈석유정책이라는 모토 아래 진행된 허울 같은 개발일 수 있다. 끝없이 새로운 자본적 가치와 볼거리를 만들어야 할 운명인 것이다. 그러나 21세기형 지속 가능한 도시는 투자의 대상이라기보다는 살고 일하며 쉬는 곳이다. 두바이에서 배울 점은 이제 도시는 테마주가 되길 포기해야 한다는 것, 즉 저성장, 저개발 방식에 관심을 기울여야 한다는 것일지도 모른다.

LAS VEGAS

라스베이거스,
일확천금에서 고급 건축까지

라스베이거스 프로파일

석탄 채굴이 한창일 당시 강원도 태백에는 돈이 넘쳐흘렀다. 그러다 막장이 사
라지면서 버려진 폐광 지역에 산업 부흥을 위한 카지노 사업이 들어왔다. 돈이
쉽게 벌리던 시절이 재현된 듯했다. 그러나 일확천금을 노리고 몰려든 사람들에
게는 순탄치 않은 삶이 펼쳐졌다.

　　잘 알려진 대로, 라스베이거스는 1930년대 후버댐을 건설하는 노동자들이
와서 도박을 할 수 있도록 미국의 갱스터 벅시 시걸(Bugsy Siegel, 1906~1947)이
만든 신기루 같은 곳이다. 지금은 가족 휴양지로도 찾는 곳이지만 라스베이거스
의 화려함 이면에는 사막의 불모지가 있다. 라스베이거스를 차로 가본 사람이라
면 알 수 있다. 도대체 왜 이 사막의 끝에 라스베이거스가 있을까? 하는 의문을
가지게 되니까 말이다. 그동안 화려함을 내세워 사람들을 도박에 빠져들게 한
라스베이거스는 한 단계 진화하여 명품으로 사람들을 유혹하고 있다. 라스베이
거스는 인간의 호기심과 충동을 자극하며 진화하는 상품의 도시이다.

라스베이거스 사막
이 길의 끝에는 인간의 욕망을
먹고 자라는 신기루 같은 도시
라스베이거스가 있다.

변질되어 가는 아메리칸 드림

라스베이거스는 '초원'을 뜻하는 스페인어로 라스베이거스 계곡을 처음으로 발견한 스페인 사람들이 붙인 지명이다. 뉴딜 정책의 일환으로 1936년 라스베이거스 인근 콜로라도 강 유역에 후버댐이 건설되었다. 1931년 댐 공사가 시작되면서 수많은 노동자가 이 지역으로 몰려들었고, 이들을 노린 도박장이 늘어나면서 환락가가 형성되었다. 공인 도박장뿐만 아니라 호화 호텔과 음식점이 즐비해지면서 환락가는 점점 덩치가 불어났고, 수많은 관광객으로 성황을 이루었다. 이는 현재까지 죽 이어지고 있으며, 넓은 황야 한가운데 서 있는 이 연중무휴의 불야성은 오늘날 네바다^Nevada 주의 최대 재원이 되었다.

　라스베이거스의 가장 대표적인 이미지는 바로 도박이다. 이는 미국의 개척 정신과 반대되는 이미지이다. 그러나 개척 세대와 현재의

경제적 도구가 되다

베이비 붐 세대는 다르다. 오늘날의 미국인은 애써 노력하지 않아도 필요한 것을 얼마든지 얻을 수 있는 환경에서 태어났다. 그리고 즉각적인 만족에 길들여진 세대에게 개척은 서서히 잊혀져 갔다.

뉴욕대학교 교수 닐 포스트먼(Neil Postman, 1931~2003)[1]은 그의 저서 『죽도록 즐기기Amusing Ourselves to Death』(1985)에서 이러한 미국 젊은 세대의 습성에 대해 언급하며, 미국의 젊은이들은 '즉각적인 욕구 만족'을 설파하는 미디어 문화에 젖어들어 이후 세대로 갈수록 노력할 의지가 없어진다고 했다. 그는 이러한 특징을 가장 잘 보여주는 것이 바로 신용카드 문화이며, 현재 다수의 미국인이 자신의 수입에 비해 지출이 과해 부채에 허덕이고 있음을 증거로 제시했다. 더욱 문제인 것은, 무언가를 이루기 위한 노력은 약해졌음에도 결과에 대한 기대치는 여전히 높다는 것이다. 《뉴스위크Newsweek》의 설문에 의하면, 55퍼센트의 젊은이가 자신이 장차 부자가 될 것이라고 믿고 있지만, 그들 중 71퍼센트가 현재의 직장으로는 부자가 될 가능성이 없다고 응답했다. 심지어 18~29세의 76퍼센트는 미래의 직장에 대해 '출세하기 위해 직장에서 과거처럼 열심히 일하지 않을 것'이라고 응답했다. 이러한 미국인의 심리가 소비사회와 만나면서 미국 젊은이들은 노력보다는 운으로 손쉽게 부를 얻고자 한다.

자연스럽게 그들의 시선은 도박으로 향하였다. 2002년 미국인 10명 가운데 7명은 어떤 형태로든 합법적 도박을 했다. 1991년에는 경마, 카지노, 복권 등의 합법적 도박에 270억 달러를 지출했지만, 2002년에는 680억 달러를 지출했다. 미국의 도박 산업이 미국의 전체 경제보다 훨씬 빨리 성장한 것이다.

1950년대에는 오직 네바다 주만이 도박을 허용했지만 지금은 무

—— 1

닐 포스트먼은 교육 및 커뮤니케이션 분야에서 20세기 후반의 미국을 대표하는 이론가이다. 그의 사상은 이해하기 쉬울 뿐 아니라 실제적이기에 많은 추종자를 낳았다. 『죽도록 즐기기』는 가장 널리 읽히고 회자되는 작품이며 10여 개 국가에서 번역 출간됐다.

려 47개 주가 도박을 합법화했고, 복권과 카지노를 통해 총 세입의 4퍼센트가 넘는 200억 달러 이상을 거둬들이고 있다. 미국 국립연구위원회NRC, United States National Research Council의 발표에 따르면 300만 명 이상의 미국인이 병적인 도박꾼이며, 780만 명이 재발 가능성 있는 도박꾼으로 추정되었다. 더욱 심각한 것은 도박꾼에 속하는 청소년 수가 늘고 있다는 점이다. 그 비율은 현재 미국 청소년의 약 20퍼센트에 이른다.

도박의 위험성 때문에 도박 산업을 중지해야 한다는 의견도 있지만, 카지노와 호텔을 위시한 라스베이거스의 서비스 비즈니스가 미국 경제에서 차지하는 비중은 너무나도 크다.

1960년대 라스베이거스의 교훈

오늘날 라스베이거스에서 상업 중심지 역할을 하는 다운타운downtown은 스트립Strip이 도박의 중심 거리로 각광받기 전까지 원조 도박의 거리였다. 이곳 또한 스트립 못지않게 호화스런 호텔과 도박 시설을 갖추고 있으며, 상업용 고층 건물과 역사적 건물은 물론 정부 기관 같은 주요 시설이 밀집되어 있다. 다운타운의 고층 전망대Stratosphere는 높은 스카이라인을 형성하여 이곳의 랜드마크 역할을 한다.

1960년대에 부부 건축가 로버트 벤투리(Robert Charles Venturi Jr.)[2]와 데니스 스콧 브라운(Denise Scott Brown)은 다운타운의 이미지를 '열려 있고 혼재된 것'으로 보았다. 그들은 예일대 학생들과 연구하며 쓴 저서 『라스베이거스의 교훈Learning from Las Vegas』에서, 라스베이거스의

──── 2

미국의 건축가 로버트 벤투리는 20세기 건축에서 중요한 인물이다. 그가 세계적인 주목을 받게 된 것은 건축 이론에 관한 저술을 통해서인데, 그의 부인이자 파트너인 데니스 스콧 브라운과 함께 펴낸 『라스베이거스의 교훈』으로 미국 건축 현실에 새로운 대안을 제시했다는 평을 받고 있다.

**라스베이거스의 다운타운과
스트립**
합법적인 도박산업은 미국 경
제의 황금알이자 라스베이거
스의 정체성이다.

광고판들이 가지는 의미를 간판을 통한 건축적 의사소통 현상으로 규정하였다. 벤투리와 브라운은 공동체를 구성함에 있어서 건물과 공간적 특성은 중요한 것이 아니며, 광고 배경으로서의 벽 자체가 중요하다고 주장하였다. 그들은 라스베이거스의 건물 용도를 살기 위한 것보다 광고를 위해 '장식된 창고Decorated Shed'로 규정하였다. 1950년대 이전의 전위적인 건축가들은 상업적 풍토를 배려하기보다는 모더니즘의 미학을 전파하는 데 집중하였기에, 20세기의 근대건축은 세련된 예술과 상업적 현실의 공존을 거부하였다. 그러나 벤투리는 건축 역사가 풍부한 이탈리아의 풍경에는 항상 통속적인 것과 고상한 것이 공존해왔다는 사실을 지적하며, 라스베이거스의 현대적인 통속의 풍경도 의미가 있다고 주장했다.

벤투리는 라스베이거스의 건축 양식과 간판이 미디어와 같이 의사소통에 중점을 두는 건축임을 명시했다. 벤투리에게 라스베이거스의 교훈은 근대건축이 놓쳤던 과거나 현재, 상식적이거나 오래된 것, 또는 위대하고 진부한 표현들에 대한 암시와 촌평, 그리고 성스러운 것이나 세속적인 것에 관계없이 일상성을 포용하는 자세에 대한 재고찰이다. 예술가들이 주변에 있는 일상적인 원천에서 교훈을 얻은 것처럼 근대건축 역시 라스베이거스와 같은 세속으로부터 많은 것을 배워야 한다는 것이다.

라스베이거스의 풍경은 우리에게 건축은 상징과 말을 통해 커뮤니케이션한다는 사실을 일깨워준다. 라스베이거스의 도시 풍경은 갑자기 분출되는 욕망과 이미지의 집적이다. 라스베이거스의 커뮤니케이션은 사막에 불과했던 과거와 현재의 환상적 시간이 충돌하며 만들어내는 사막과 놀이공간의 극단적인 대조에서 비롯된다. 사막의 한

가운데에서 오아시스를 만나듯, 다양한 이미지와 상업적 광고를 통한 의사소통이 순간적으로 넘쳐나는 것이다. 길거리를 걸어가면서 보는 광고와 건물 이미지, 자동차를 타고 보는 큰 광고판 등 불연속적인 장면의 연속은 라스베이거스라는 도시가 지닌 통속적인 욕망 분출의 여러 겹을 더욱 진하게 만드는 그럴듯한 랜드마크적 효과를 발휘한다.

1980년대 건축의 테마화

1978년 미국 동부 뉴저지 주의 애틀랜틱시티Atlantic City[3]에 새로운 카지노 타운이 들어서자 동부 사람들은 가까운 애틀랜틱시티로 몰려들었고, 라스베이거스 카지노 업계는 이제껏 경험하지 못한 불황을 겪었다. 1980년 중반에는 시 전체가 파산 선고를 해야 할 지경에 몰렸다. 위기의식을 느낀 라스베이거스 정치가와 카지노 경영자 들은 불황 타개를 위해 가족 레저 이벤트 타운으로의 이미지 변신을 꾀했다. 길거리에서 창녀를 몰아내고 마피아와의 전쟁을 벌이는 등 강력한 치안 유지 활동을 펼쳐나가며 대개혁 작업에 착수했다.

　라스베이거스에 온 가족이 즐길 수 있는 가족 오락 시설을 조성하고, 세계 최대 규모의 컨벤션 센터를 유치하며, 세일즈를 담당할 관청을 신설해 전 세계를 대상으로 적극적인 방문객 유치 활동에 나서기 시작했다. 1989년에 문을 연 미라지 호텔The Mirage을 시작으로 특별한 테마가 있는 호텔이 하나둘씩 중심 거리에 생겨났다. 대표적으로 파리스 호텔Paris Hotel의 에펠탑은 실물보다는 약간 작지만 모양새는 결코 뒤지지 않는다. 특히 찬란한 금빛 자태를 뽐내는 에펠탑의 야경은

—— 3

애틀랜틱시티는 미국 뉴저지 주 남동부, 대서양 연안의 애브시컨 섬에 있는 작은 휴양 도시이다. 제2차 세계대전 이후 관광업이 침체기에 접어들면서 도시도 쇠락의 길을 걸어 실업과 범죄 문제가 심각해졌다. 이를 해결하기 위해 1978년 공인 도박장을 개장하고, 각종 위락 시설과 숙박 시설도 개발하여 경제를 회복시켰다. 미국에서 라스베이거스 다음으로 유명한 도박의 도시이다.

라스베이거스 거리의 야경을 크게 바꾸어 놓았다.

라스베이거스의 변화는 경영 전략의 한 모델인 4P 전략(Product, Price, Promotion, Place)을 그대로 적용한 것이다.

PRODUCT

라스베이거스 스트립에 들어선 호텔은 모두 자기만의 특별한 개성을 뽐낸다. 이는 시 당국이 호텔 건축 허가를 내줄 때 어떤 비즈니스 콘셉트로 호텔을 짓고 운영할 것인가, 즉 독창적인 경영 아이디어가 있느냐 없느냐를 까다롭게 따지기 때문이다. 그래서 라스베이거스에 또 다른 호텔이 생긴다는 것은 그저 숙박 시설이 늘어나는 것이 아니라 색다른 콘셉트를 가진 호텔이 생겨 새로운 볼거리를 제공한다는 의미와 같다.

또한 라스베이거스에서 빼놓을 수 없는 것이 결혼식이다. 한 해 평균 15만 회가 넘는 결혼식이 치러지며 대부분의 특급 호텔과 다운타운의 웨딩 채플은 다양한 가격대의 결혼 패키지를 제공한다. 유명 인사 중에는 엘비스 프레슬리, 프랭크 시나트라, 폴 뉴먼, 데미무어가, 그리고 근래에는 파멜라 앤더슨, 브리트니 스피어스가 이곳에서 결혼식을 올렸으며, 그들이 결혼한 채플은 더없는 관광명소가 되었다.

PRICE

미국 내에서 라스베이거스로 직접 방문하는 여행객의 경우, 보조금 형식의 항공편과 호텔 할인 혜택으로 여행 경비에 대한 부담감이 그다지 크지 않다. 4성급 호텔의 가격을 타 도시와 비교하면 라스베이거스는 98달러, 로스앤젤레스 235달러, 뉴욕 299달러, 워싱턴 179달러,

01
서커스서커스 호텔
매일 다른 프로그램을 선보이는 서커스 쇼를 볼 수 있다.

02
미라지 호텔
열대림을 콘셉트로 삼아 개장하였다. 화산 폭발 장면을 재현하는 화산 쇼, 유명 마술 쇼 등을 볼 수 있다.

01
02

시카고 399달러로 라스베이거스의 객실 요금이 확실히 저렴하다.

　카지노는 무료 숙박권을 제공받을 수 없는 카지노 고객이나, 고액 배팅자의 친구 및 친지에게 호텔 할인요금을 제공하기도 한다. 가격 인하는 잠재적인 카지노 고객을 확보할 수 있는 중요한 비즈니스 전략이다.

PROMOTION

라스베이거스는 다양한 볼거리와 대형 이벤트를 끊임없이 제공한다. 데이비드 카퍼필드의 마술 쇼, 케니 지와 엘튼 존의 더블 콘서트, 브로드웨이를 무색케 하는 대형 뮤지컬 공연 등이 사람들을 끌어모은다. 특히 라스베이거스의 뮤지컬은 뉴욕 브로드웨이의 강력한 맞수로 손꼽힐 정도로 성장했다. 브로드웨이에서는 예상 수입을 철저히 따진 후 뮤지컬 제작에 들어가지만, 라스베이거스는 흥행보다는 사람을 끌어모으는 것 자체가 주목적이기 때문에 사람들만 많이 모을 수 있다면 망설임 없이 제작비를 투자한다. 그래서 한 편 제작비가 3,000만 달러가 넘는 초대형 뮤지컬도 라스베이거스에서는 비교적 쉽게 찾아볼 수 있다. 이런 투자 덕분에 자연스레 최고의 배우, 연출자, 스타 들이 라스베이거스로 속속 몰려들었고, 뮤지컬 시장의 또 다른 메카로 새롭게 부상하고 있다.

　프로 권투는 라스베이거스 카지노에서 사람을 끌어모으는 비장의 무기이다. 실제로 세계 톱클래스 복서들의 경기는 예외 없이 라스베이거스의 시저스 팰리스 호텔Caesars Palace이나 MGM 그랜드 호텔의 특설 링에서 열리며, 그때 입장객 수는 평균 1만 명이 넘는다. 최근에는 K-1, PRIDE, UFC 등 다양한 격투 경기도 주최하여 전 세계 격투기 팬을 유혹하고 있다. 이런 이벤트는 전 세계에 방영되어 라스베이거스라는 도시에 대한 홍보 및 이미지 형성에도 큰 역할을 한다.

PLACE

방문객을 끌어모으는 또 다른 전략은 바로 마이스 산업인 전시회 및 컨벤션을 유치하는 것이다. 라스베이거스 컨벤션 센터 주최로 1997년에 열린 세계 최대의 컴퓨터 전시회인 'COMDEX'에서 거둔 경제적 이득이 무려 3억 4,100만 달러에 이른다고 한다. 이처럼 라스베이거스에 막대한 경제적 이득을 가져다주는 컨벤션은 전 세계 비즈니스맨들이 찾아오는 'COMDEX'를 비롯해 'CES(가전)', 'MAGIC(패션)' 등이 있으며, 2012년에만 2만 개 이상의 컨벤션이 열려 500만 명이 방문하였다. 그리고 이들은 자연스레 라스베이거스의 호텔과 카지노의 고객이 되었다.

2000년대 건축의 스타화

오늘날 라스베이거스의 아성을 위협하는 대표적인 곳은 마카오와 두바이다. 마카오에서는 관광객이 지출한 돈이 총 GDP의 94퍼센트를 차지하며 카지노에서 발생한 세금이 정부 세수입의 80퍼센트를 차지한다. 2007년에 문을 연 베네시안 마카오Venetian Macao, 2009년에 문을 연 시티 오브 드림즈City of Dreams, 그리고 MGM 카지노와 그랜드 리스보아Grand Lisboa 카지노 등 마카오는 라스베이거스에 버금가는 규모를 갖추고 있다. 두바이 역시 전 세계에서 라스베이거스와 가장 비슷한

도시로 꼽을 수 있다. 탈석유정책의 일환으로 두바이는 막대한 자본과 상상력을 활용해서 새로운 테마파크로 거듭나고 있다.

라스베이거스는 1980년 후반에 경제적 위기를 극복하기 위해서 세계 유명 도시의 건축을 빌려와 사람들의 시선을 사로잡았다. 하지만 이러한 시도는 새로운 이미지를 창출했다기보다는 단순한 모방이어서 허구적으로 보였다. 라스베이거스에 투자하던 거부들은 상투적인 이미지를 불신하기 시작했고, 이에 가장 빨리 반응한 것이 MGM의 사장이다. 그는 모방 도시 라스베이거스의 틀을 깨고 진보적인 건축을 시도하였다.

그가 개발한 시티센터City Center는 미국 역사상 민간 자금에 의한 건설 프로젝트로는 최대 규모다. MGM은 이 프로젝트를 통해 시티센터와 인접한 자신들 소유의 몬테 카를로Monte Carlo 라스베이거스와 벨라지오Bellagio 라스베이거스를 피플무버people mover4 시스템으로 연결했다.

마스터플랜은 E, E & KEhrenkrantz, Eckstut & Kuhn Architects가 세웠으며, 콘도미니엄, 카지노 호텔, 쇼핑 센터, 컨벤션 센터 등이 어우러진 도심 속 복합리조트로 계획되었다. 마스터플랜 후 7명의 건축 거장이 이끄는 회사가 각각의 건물을 설계하였다. 전 세계를 무대로 고층빌딩을 설계하는 시저 펠리, 라파엘 비뇰리, 헬무트 얀(Helmut Jahn), KPF, 겐슬러가 참여하였고 저층부는 다니엘 리베스킨트(Daniel Libeskind), 인테리어는 락웰 그룹Rockwell Group이 담당하였다. 팝아트적인 이미지 구축 대신 실제 명품 디자인으로 승부를 건 것이다.

현재 라스베이거스에는 상업 건축물 외에 프랭크 게리 같은 유명한 건축가들이 짓는 커뮤니티 센터나 복합 문화 단지를 조성하려는

파리스 호텔과 룩소르 호텔
라스베이거스는 세계 유명 도시의 건축물을 모방하여 사람들을 매혹하였다.

―― 4
여객의 고속 수송 수단으로, 옆으로 가는 엘리베이터를 말한다.

시티센터
아리아 호텔에서 바라본 시티센터. 시티센터는 모방 건축을 탈피하고 스타 건축가들의 명품 건축을 도입하였다.

움직임이 조금씩 보이고 있다. 언젠가 다가올 경제적 위기에 대비하기 위한 포석을 깔려는 것이다. 유행에 민감한 대중은 라스베이거스의 단순한 모조품 건축에 언젠가 질릴 것이고 라스베이거스가 추구하는 가족 레저 공간으로서의 이미지 또한 한계에 부딪칠 것이다. 물론 라스베이거스가 컨벤션이나 여러 가지 산업 박람회를 기획하여 마이스 산업을 육성하고 있지만, 이것만으로는 한계가 있다.

　MGM이 시작한 시티센터처럼 분명 라스베이거스에는 이전의 단순한 모방을 넘어서는 새로운 건축 문화가 생겨날 것이다. 이는 현대 건축가들이 가진 '브랜드'를 통해 라스베이거스에 고급스러운 이미지를 입히려는 시도가 아닐까. 이러한 시도로 기존의 '장식된 창고'라는 개념에서 벗어날 수 있을지는 의문이다. 물론 새로 지어질 건축물들은 기존의 일차원적인 간판이나 단순 모방보다는 더 높은 차원의 건축적 커뮤니케이션을 구사하겠지만, 이 또한 기성 건축가들의 '브랜드'를 이용하려는 의도에서 시작되었다는 점에서 볼 때 거장의 건축미가 지역의 풍토와 문화에 걸맞은 프로파일을 형성하기보다는 전용될 가능성이 크다.

라스베이거스가 풀어야 할 숙제들

라스베이거스는 사막에서 시작해서 독자적인 도시로 발전, 진화를 거듭하며 상품성을 확보하고 있다. 그런데 이런 라스베이거스를 위협하고 있는 요소들이 있다.

첫 번째 위협 요소는 라스베이거스보다 더 큰 즐거움을 주는 테마파크 및 리조트의 출현이다. 현재 라스베이거스의 라이벌이라고 볼 수 있는 곳은 올랜도의 디즈니 월드 일대의 리조트 타운, 중국의 마카오, 그리고 두바이를 꼽을 수 있다. 이런 강력한 라이벌 도시의 출현은 라스베이거스만의 정체성을 약화시킬 수 있다.

두 번째 위협 요소는 바로 엔터테인먼트 패러다임의 변화이다. 앞으로는 굳이 외출하지 않아도 집 안에서 보다 큰 쾌락과 즐거움을 누리는 시대가 올 수 있다. 이미 우리는 텔레비전과 인터넷이라는 매체를 통해 엔터테인먼트의 개념 변화를 경험했다. 특히 인터넷의 확

**발전을 거듭해온
라스베이거스**
라스베이거스의 진화는 인간
의 욕망이 어디로 향하는지를
보여주는 지표이다. 새로운 시
대 변화를 그들은 또 어떻게
담아낼 것인가?

산은 라스베이거스에 보이지 않는 위협으로 작용할 수 있다.

이러한 요인들은 분명 라스베이거스를 위협하고 있지만, 또 한편
으로는 라스베이거스가 한 단계 더 진화하는 계기가 될 수도 있다. 라
스베이거스는 사회적 변화에 앞서가면서 지금의 모습으로 발전해왔
다. 새로운 라이벌의 등장에 맞서 새로운 유형의 건축으로 거듭났고,
프로그램을 다양화하여 가족 단위의 관광객까지 끌어들였으며, 시시
각각 변하는 유행에 대응하여 그에 맞는 비즈니스 전략을 성공적으로

경제적 도구가 되다

적용해왔다. 지금까지 그래 왔듯이 라스베이거스는 자신을 위협하는
요소들에 적절히 대응해 나갈 것이다.

한편 최근 여러 언론 매체나 경제학자들은 라스베이거스 또한
환경을 고려해야 한다고 주장한다. 라스베이거스에서 나오는 엄청난
폐기물과 환경 오염원이 라스베이거스에 새로운 위협으로 다가오고
있다. 현재 세계적 추세인 친환경 건축에 대한 요구를 라스베이거스
역시 피해가기는 어려울 것이다. 친환경 건축을 라스베이거스가 가진
고유의 이미지와 잘 융합하는 것, 그것이 라스베이거스의 이미지를
한 단계 높이는 또 다른 방법이 되리라.

라스베이거스 하면 사회적 문제도 빼놓을 수 없다. 도박과 유흥
으로 돈이 넘쳐흐를 것 같지만 이곳은 '자본의 역습'이 펼쳐지는 현장
이기도 하다. 라스베이거스 지하 터널에는 수많은 홈리스가 터를 잡
았다. 그들은 자구책으로 관광객들에게 돈을 받고 자신들의 빈곤한
주거 환경을 보여준다. 이러한 극과 극의 상황을 해소할 수 있는 환경
이 갖추어질지는 의문이지만, 조금씩 상식이 통하는 도시로 변모하고
있는 것 또한 사실이다.

SINGAPORE

싱가포르,
아시아의 라스베이거스를 꿈꾸다

싱가포르 프로파일

말레이시아의 일부였던 싱가포르는 1819년부터 영국의 래플스 경이 무역항으로 발전시켜 많은 상인이 드나들었다. 그러자 인도네시아를 중심으로 활약하던 해적 역시 들끓었다. 이후 1965년 독립할 때까지 싱가포르는 말레이시아 죄수의 땅인 동시에 동남아시아 마약과 도박의 메카로서 각종 범죄의 땅이 되었다.

싱가포르가 독립한 후 초대 총리에 오른 리콴유는 공중 도덕과 사회 윤리를 강조하며 도박과 마약 등 사회 부조리 현상을 퇴치하기 위해 온갖 노력을 기울였다. 리콴유의 엄격한 통치 아래 싱가포르는 금융과 물류를 중심으로 급성장하였다. 그러나 금융과 물류만으로는 성장 한계가 뚜렷했다. 이렇다 할 자연 자원이 없는 싱가포르는 예술, 문화 및 3차 산업으로 눈을 돌려 1990년대에 예술 종합단지 에스플러네이드Esplanade을 건설하였다. 또한 최근에는 마이스 산업의 전초기지로 마리나 베이 샌즈Marina Bay Sands를 건설하여 오랫동안 금기시하던 카지노를 설립하였다. 도박을 금지하던 나라였지만 지속적인 성장과 발전을 위해 라스베이거스에 자문까지 받으며 마이스 산업을 육성하고 있다. 이처럼 싱가포르는 시대에 맞는 현실적인 선택으로 끊임없이 나라의 앞길을 개척하고 있다.

1819년 영국 동인도회사의 토머스 스탬포드 래플스 경(Sir Thomas
Stamford Bingley Raffles, 1781~1826)이 싱가포르를 국제 무역항으로 개
발한 후부터 싱가포르는 크게 성장하기 시작하였다. 하지만 경제적
성장과 달리 1965년 말레이시아로부터 독립하기 전까지 싱가포르는
각종 범죄의 장이었다. 싱가포르는 1963년에 설립된 말레이시아연방
의 일원이었으나 연방정부의 관심 밖으로 밀려나 버려진 땅 취급을
받았다.

　　이런 상황에서 말레이시아 정부로부터 배척을 받던 화교들이 자
금을 모아 싱가포르의 땅을 사들였고, 1965년에 연방으로부터 독립
한 후 리콴유(李光耀)[1] 정권이 시작되었다. 이후 40여 년 동안 싱가포
르는 경제적으로 발전하며 국가적 부흥을 이루었으나 최근 경제 침체
를 겪게 되자 리콴유 전 총리는 독립 이래 40년간 도박을 금지했던 싱
가포르에 카지노 사업을 허가했다.

　　2005년 종교와 사회 단체의 격렬한 반발에 부딪쳤지만, 그는 "세
계 경제의 흐름이 바뀐다면 우리도 반드시 그 자리에 서 있어야 한다.
우리의 문제가 아니라 우리 아이들이 먹고살기 위해서다. 그렇지 않
으면 싱가포르는 다시 가난한 어촌 국가로 되돌아갈지 모른다"라고
국민을 설득했다. 이로써 라스베이거스 샌즈Las Vegas Sands의 협력 하에
마리나 베이 샌즈Marina Bay Sands를 건설하여 카지노를 싱가포르의 미래
성장 동력으로 삼게 되었다.

　　싱가포르의 중심업무지구Central Business District는 상당히 직관적이
며 실용적인 형태를 띠고 있다. 적도에 인접한 지리 조건 때문에 싱가

──── 1

리콴유는 싱가포르의 정치가
로, 독립 싱가포르의 초대 총
리로 취임해 26년간 재직하였
다. 작은 도시국가 싱가포르를
세계적 금융, 물류 중심 국가
로 성장시키는 데 기여하였다.

포르에서는 직사광선을 피하는 게 중요하다. 해를 약 3초가량 정면으로 바라보면 실명할 수도 있을 만큼 햇빛이 강렬하기에 특별한 건축 형태보다는 단순한 형태를 선호한다. 직육면체 또는 원통 형태를 유지한 채 장식적 요소를 더하거나 작은 공간을 디자인적으로 꾸며 활용하는 것이 이곳 건축의 특징이다. 이것은 비단 중심업무지구뿐만 아니라 세계 최대의 쇼핑센터 밀집 지역 중 하나로 손꼽히는 오처드 거리Orchard Road 같은 상업 지역과 주거 지역, 그리고 대학교 건물 등도 마찬가지다.

싱가포르의 중심업무지구
시청과 마리나 베이 일대는 싱가포르의 중심업무지구에 위치해 있다.

라샐레 예술대학
겉은 평범한 박스형이지만 내
부 공간은 독특한 개성이 넘
친다.

경제적 도구가 되다

싱가포르의 라샐레 예술대학LASALLE College of Arts 건물은 겉으로는 박스형 건물이지만 안은 특이하게 공간이 구성되어 있다. 햇빛을 최대한 덜 받기 위해 사각형을 취한 대신 건축물의 내부공간을 다양한 방법으로 활용하여 색다른 모습을 연출해낸 것이다. 이처럼 싱가포르 대부분의 건축물이 매우 현실적인 형태를 취하는 데 반해 에스플러네이드Esplanade와 마리나 베이 샌즈는 화려한 프로파일을 자랑한다. 두 건축물의 화려함은 이들이 평범하지 않은 상징적인 프로젝트였음을 증명한다.

문화예술의 전진기지, 에스플러네이드

1990년 이래 싱가포르 정부는 싱가포르를 동서양을 아우를 수 있는 문화와 예술의 중심지이자 진정한 코스모폴리탄의 관문으로 만들고자 하는 정책을 펼쳤다. 이러한 노력 중 하나가 바로 2002년 10월 12일 문을 연 에스플러네이드이다.

당시 싱가포르는 항구를 이용한 중계무역과 센토사 섬, 세계에서 세 번째로 큰 국립 동물원, 세계 최초의 야간 사파리 투어 등의 관광자원을 통해 경제가 부흥하던 시기였으나 문화예술적 요소들은 굉장히 부족한 상황이었다. 이에 문화와 예술을 장려하고 또 하나의 관광자원으로 활용하기 위해 에스플러네이드를 지었다.

싱가포르 정부는 동서양을 잇는 국제 무역항을 가지고 있다는 이점을 살려 동서양 문화의 중심으로 자리매김할 수 있는 상징성과 기능을 가진 건물을 원했고, 롤모델은 시드니 오페라하우스였다. 오

**에스플러네이드 콘서트홀
리셉션**

페라하우스가 바다 위의 돛단배와 같은 프로파일로 성공을 거두었다면, 에스플러네이드는 싱가포르의 대표 과일인 두리안의 형상으로 오페라하우스 같은 효과를 내고자 했다.

에스플러네이드는 매년 싱가포르 정부의 지원을 받아 세계적인 연극, 공연 등을 무대에 올리고 있다. 우리나라의 대표적인 소프라노 조수미도 2004년과 2011년에 여기에서 공연을 했다.

에스플러네이드 내부에는 2,000석 규모의 극장, 1,800석 규모의 콘서트 홀, 250석의 리사이틀 스튜디오, 그리고 220석의 연극 스튜디오가 마련되어 있다. 이 공간들은 첨단 기술을 활용한 외부와 상반되게 클래식한 분위기를 자아내는 자연목으로 되어 있다. 특히 주(主)극장에는 이 지역의 특징적인 양식을 반영하여 금색과 붉은색이 조화를 이룬 디자인을 적용하였다. 에스플러네이드에는 쇼핑몰과 다양한 나라의 음식을 맛볼 수 있는 음식점이 있으며, 싱가포르 최초로 음악, 무용, 연극 전문 서적과 시청각 교재를 갖춘 예술 도서관이 있다. 에스플러네이드에 가면 뮤지컬, 콘서트에서부터 무용, 연극에 이르는 전 세계의 다양한 공연을 항상 즐길 수 있다.

에스플러네이드 해변극장은 싱가포르의 마리나 만에 세워진 인상적인 건축물로 한쪽이 뾰족하게 튀어나온 돔 형태이다. 마이클 윌포드 & 파트너스Michael Wilford&Partners와 싱가포르 건축회사인 DP 아키텍츠DP Architects의 공동 작품인 에스플러네이드는 기술적으로도 뛰어나다. 총 2,000여 개의 구멍으로 채워진 돔은 열대지방의 뜨거운 태양이 만들어낸 문제점을 최첨단 기술로 해결한 결과물이다. 반짝이면서도 통풍이 잘 되는 건축물을 짓고자 했던 윌포드(Michael Wilford)는 태양 가리개 역할을 할 수 있는 약간은 복잡한 시스템을 디자인해냈다.

간단히 말하면, 돔 위의 모든 구멍을 태양을 가릴 수 있는 정확한 각도에 따라 만든 것이다.

초기 디자인 안에서 DP 아키텍츠는 유리로 된 파사드를 계획했으나 싱가포르 주민들은 냉방부하와 아시아적이지 않은 디자인에 대해 우려를 표시했다. 햇빛이 강해 차양에 더 신경을 써야 했고, 아시아의 정체성 역시 디자인에 있어 중요한 고려 대상이 되어야 했다.

DP 아키텍츠가 생각한 아시아의 건축은 강한 기초에 가벼운 재료를 이용하여 지붕을 덮는 것이었다. 그래서 하부는 철골을 이용해

에스플러네이드
에스플러네이드는 싱가포르를 코스모폴리탄의 관문으로 만들고자 하는 정책의 일환으로 탄생하였다.

서예와 기하학을 사용한 장식
적 패턴의 다공성 돌이나 격자
로 이루어진 창호를 가리키는
용어로, 일반적으로 꽃 모양의
기하학적 패턴을 가지고 있다.

샤이크 살림 치슈티(Shaikh
Salim Chisti) 무덤의 잘리

강한 기초를 만들고 위는 유리와 알루미늄 패널로 가벼운 지붕을 만
들어 덮는 디자인을 구사했다. 또한 알루미늄 패널을 통해 차양을 만
드는 과정에서 중동 건축의 입면 요소인 '잘리Jali'2를 참고하였다. 중동
의 건축은 햇빛을 피하기 위해서 벽에 차양을 설치하였고, 디자인과
기능을 모두 만족시키는 잘리를 고안해 활용해왔다. 이를 이용해 DP
아키텍츠는 알루미늄 패널로 이루어진 현재의 파사드를 탄생시켰다.

이런 파사드를 통해 내부의 어떤 각도에서 하늘을 보아도 직사
광선을 피할 수 있으며 각기 다른 마리나 베이의 경관을 제공하는 효
과도 얻었다. 그들이 계획한 에스플러네이드는 아시아적 요소를 현대
적으로 해석한 뼈대에 기능적 요구를 충족하는 옷을 입힌 디자인이
었다. 독특한 외관이 싱가포르를 대표하는 과일인 두리안을 닮았다고
하여 두리안 빌딩이라는 별칭으로도 불린다.

싱가포르의 미래, 마리나 베이 샌즈

에스플러네이드가 지어진 후 인도네시아와 말레이시아의 개항으로
동남아시아 중계무역의 주도권이 차츰 넘어가기 시작하면서 2001년
이후 싱가포르 경제는 또다시 위기를 맞이한다. 일례로 싱가포르의
경제는 크리스마스 시즌에 오처드 거리를 시작으로 이어지는 크리스
마스 장식의 길이를 보면 알 수 있다고 하는데, 2003년에는 래플스 플
레이스까지 약 2킬로미터 이어졌던 크리스마스 장식이 2005년부터
는 바로 옆에 위치한 서머셋 거리까지 약 1.3킬로미터밖에 이어지지
않았다고 한다. 이런 경제적 위기 속에 싱가포르 정부는 2005년까지

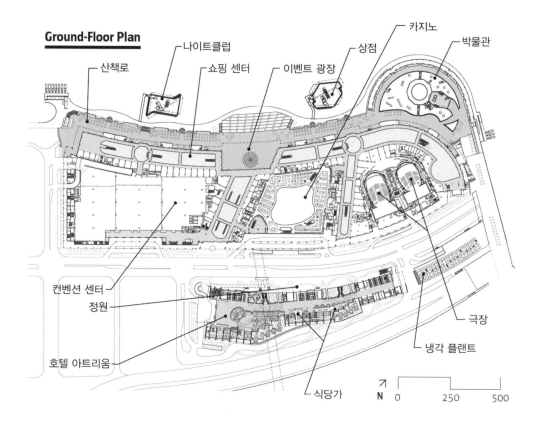

Ground-Floor Plan

산책로   나이트클럽   쇼핑 센터   이벤트 광장   상점   카지노   박물관

컨벤션 센터
정원

호텔 아트리움

식당가

극장

냉각 플랜트

N   0   250   500

금지해왔던 도박을 합법화하여 다시 한번 경제 부흥을 꾀한다.

     싱가포르 정부는 센토사 섬에 테마파크를 선설하고 카지노를 도입하였으나 그 규모나 주변시설이 마카오를 중심으로 한 주변국에 비하여 왜소했다. 결국 싱가포르는 라스베이거스 샌즈팀의 노하우를 빌려와 마리나 베이 샌즈라는 복합시설을 건설하고 대형 카지노를 유치하여 경쟁력을 키웠다.

     싱가포르는 다인종, 다문화 국가이다. 비록 모든 종교를 수용함

마리나 베이 샌즈 평면도

으로써 인종 간의 분쟁은 어느 정도 해소할 수 있었지만, 다문화의 다양성을 효율적으로 통제하기 위해 개인의 자율성이나 권리보다는 국가적 규율을 더욱 중요시할 수밖에 없었다. 예를 들어 싱가포르에서 껌을 뱉으면 상당한 벌금을 내고 곤장을 맞는다는 말은 가볍게 들을 수 있는 농담이 아니라 실제 벌어지는 일이며, 싱가포르 국립대학에서 최초로 데모를 했던 당시 학생회장은 싱가포르의 어느 섬에 수 년 동안 감금되어 있는 상태라고 한다. 하나의 예를 덧붙이자면 2012년에는 신호등 버튼이나 거리에 '시간 여행을 위해 눌러라', '휴대전화 좀 그만 쳐다보지' 등의 문구가 담긴 스티커를 붙이거나 스프레이로 글씨를 남겨 '스티커 레이디'라는 별명으로 알려진 거리예술가를 체포해 화제가 되었다. 설치미술 때문이 아니라 거리예술가에게 부과될 벌금과 징역형 때문이었다.

　이런 사례들을 살펴볼 때 싱가포르가 정치적으로 상당히 경직되어 있고 그 영향으로 예술 분야 역시 위축되어 있음을 알 수 있다. 중심업무지구의 건축물 디자인도 상당히 경직되어 있으나 그 예외가 바로 에스플러네이드와 마리나 베이 샌즈이다. 그만큼 국가사업으로서 큰 영향력을 지닌 사업이었음을 알 수 있다.

　마리나 베이 샌즈는 호텔, 스카이파크, 박물관, 공연장, 카지노, 쇼핑, 레스토랑, 컨벤션, 웨딩 등의 다양한 기능을 갖춘 복합 리조트이다. 저층부를 차지하는 상업 시설과 호텔을 이루고 있는 세 개의 매스를 가로지르는 시각 축은 그 자체로서 각각의 기능이 있는 한편 거대한 광장이 되기도 한다. 이 광장에서는 각기 다른 프로그램과 이를 수행하는 사람들이 한데 모여 다양한 활동과 이벤트를 만들어 마리나 베이 샌즈라는 자그마한 도시 속에 활동성과 다양성을 창출해낸다.

그럼에도 불구하고 저층부 건물 디자인이 단순하다보니 멀리서 보는 모습에 비해 가까이에서 보는 모습은 굉장히 심심하다. 이를 보완하기 위해 저층부 입면에 바람에 따라 모습이 바뀌는 장치를 고안하여 조경과 함께 어우러지도록 하였다. 또한 싱가포르는 주변에 많은 섬이 자리하고 있어 지평선이나 수평선을 보기 어려운 환경이다. 이를 보완하듯 맨 위층의 수영장 한쪽 경계를 수평선처럼 만들었으나, 중심업무지구의 건물들 때문에 실제로 수평선이 보이는 것은 아니다. 다만 건물 자체가 가진 배와 관문의 이미지 그리고 싱가포르 사람들이 건물의 프로파일 자체로 수평선을 경험할 수 있게 만들었다는 데 의의가 있다.

설계를 책임진 유대인 건축가 모셰 사프디(Moshe Safdie)는 "마리나 베이 샌즈는 빌딩 프로젝트 그 이상이며 싱가포르의 문화, 기후, 현

마리나 베이 샌즈
마리나 베이 샌즈의 특이한 형태는 건축가 사프디의 생각과 싱가포르의 정치적 성향, 그리고 주변 인프라의 영향을 받았다.

대의 생활을 기초로 한 도시의 복합체이다. 우리의 과제는 한 구역 규모의 공공장소를 만드는 것이다. 다른 말로 하면 메가스케일Megascale을 다루면서 휴먼 스케일Human Scale에서 작용하는 도시의 랜드 스케이프를 만들어내는 것이다"라며 포부를 드러내기도 했다. 사프디는 이 건물이 지리적 위치와 주변의 기반시설 덕택에 중계무역과 마이스 산업을 주요 산업기반으로 삼는 싱가포르의 관문이 될 것이라고 생각했다. 그는 한문의 들 입(入)자 모양과 닮은 건물을 디자인했고 이는 싱가포르의 정치적 성향과도 맞닿았다.

에스플러네이드가 두리안을 닮은 단순한 모습으로 싱가포르 사람들의 사랑을 받았듯 마리나 베이 샌즈도 관문과 선박의 이미지로 상당히 직관적인 디자인을 선택했다. 또한 사프디는 '지구시민Global Citizen'이라는 개념을 주장하며, 한 오브제에 대해서 서로 다른 기대를 갖는('카페'라는 단어를 두고 노천문화가 발달한 유럽에서 온 사람들은 테라스와 도로에 면한 공간을, 한국 사람들은 조용한 공간을 떠올리듯) 사람 모두를 그가 만든 공간의 사용자로 포용하고자 하였으며 마리나 베이 샌즈의 거대한 공간에서 이루어지는 각기 다른 활동이 서로 다른 문화권에서 온 사람들에게도 전혀 이질적이지 않도록 디자인하였다. 사프디는 마리나 베이 샌즈 저층부의 몰과 식당가에서 이러한 상호 작용을 적극 활용한 공간을 창출하였다.

쌍용건설은 세계 최초로 포스트 텐션Post-Tension3과 특수 가설 구조물Temporary Bracing 설치 공법4 등을 사용함으로써 피사의 사탑(5.5도)보다 약 10배 더 기울어진 호텔 디자인을 구조적으로 안전하게 건설하였다. 길이 343미터, 폭 38미터의 스카이파크는 에펠탑(320미터)보다 20미터 이상 길고, 900명을 수용할 수 있는 세계 최대 규모의 전망

———— 3

강재에 미리 인장력을 걸어 놓고 타설된 콘크리트인 프리스트레스드 콘크리트(Pre-Stressed Concrete)에서의 응력 도입법의 하나로, 콘크리트의 경화 후에 PC 강봉을 긴장하여 정착하는 수법이다.

———— 4

임시 가새(Bracing)는 벽을 수직으로 지탱할 수 있는 충분히 작은 간격에 설치된다. 가새는 천장 판에서 바닥 판으로 이어지는 스터드(간벽기둥)에 대각선으로 설치되어 수평 응력에 대한 벽의 강도를 증가시킨다.

———— 5

한쪽 끝만 고정되어 있고 다른 끝은 자유단인 보(beam)를 말한다.

대로 약 70미터가량이 지지대 없이 상공에 돌출된 외팔 보 구조[5]를 하고 있다. 설계자인 사프디조차도 불가능하다고 여겼던 27개월 내 완공 목표 역시 달성되었다.

헬릭스 브릿지에서 본 마리나 베이 샌즈

에스플러네이드와 마리나 베이 샌즈는 싱가포르의 탁월한 현실적 선택으로 탄생한 랜드마크이다. 에스플러네이드는 싱가포르의 경제적 부흥기에 맞물려 문화적 시설 부족이라는 문제를 해결하기 위해 지어진 대극장이다. 아시아에서 경제뿐 아니라 문화 선진국으로 발돋움하기 위해 랜드마크를 세운 것이다.

마리나 베이 샌즈는 마이스 산업을 유치하여 경제적 침체를 극복하려고 40년 동안 지켜온 도박 금지라는 금기마저 깨면서 만들어낸 건축물이다. 마이스 산업의 골자는 컨벤션을 유치하여 관광 이상의 효과를 거두자는 것이다. 컨벤션에 참가할 목적으로 관광을 온 사람은 일반 관광객보다 세 배 정도 소비한다고 한국관광공사의 조사에서도 발표되었다. 그만큼 도시의 다양한 서비스 경제를 살릴 수 있는 굴뚝 없는 황금산업이다.

마이스 산업은 2000년대에는 미국, 프랑스, 싱가포르가 강했으나 2012년부터는 싱가포르, 일본, 미국, 벨기에, 우리나라 순서로 강세를 보인다. 싱가포르는 '투어리즘 2015'[6]의 기치 아래 카지노 등의 유흥 문화와 연동하여 마이스 산업을 더욱 활성화하고자 한다. 특별한 자원이나 인구가 많지 않은 작은 섬나라 싱가포르에게 국가 산업의 방향은 굉장히 중요하다. 두바이 역시 석유산업으로 경제 부흥을 맛보았으나 탈석유정책을 펼치며 석유 고갈에 대비하고 있듯이.

싱가포르는 마리나 베이 샌즈 완공 이후 카지노, 에스플러네이드 그리고 센토사 섬과의 시너지 효과를 통해 종전보다 더 많은 관광객을 유치하였다. 수치로 보면 2009년 970만 명이었던 싱가포르의 관

___
6

싱가포르 정부는 '투어리즘 2015'를 발표해 관광 개발 기금 20억 달러를 조성해 2015년까지 외국인 관광객 1700만 명을 유치하는 것을 목표로 서비스 업종에서 10만 개 이상의 일자리를 창출하겠다는 목표를 세웠다. 이를 통해 싱가포르는 컨벤션 및 전시 사업 부문에서 아시아를 선도하는 국가로 부상하고자 한다.

광객 수는 2011년 1,320만 명으로 350만 명이 늘어났으며 2015년에는 관광객 1,700만 명 유치를 목표로 하고 있다. 그 덕에 경제도 2010년에 14.8퍼센트, 2011년에는 4.9퍼센트 성장하였고 앞으로도 이 추세는 계속될 것이다. 두 건축물 모두 시대적 상황은 다르지만 싱가포르의 시대적 요구를 해결하기 위해 현실적으로 선택한 랜드마크이다.

자원이 부족한 우리나라에서도 2000년 이후부터 마이스 산업의 비중이 커졌다. 2000년 아시아유럽정상회의Asia-Europe Meeting 개최를 시작으로 2009년에는 국가 신성장동력의 하나로 선정하였고 2018년까지 마이스 산업의 규모를 22조원대까지 성장시킨다는 목표를 가지고 있다. 서울, 여수, 제주 등 지자체들도 규모를 확대하며 인프라 구축에 힘쓰고 있다.

우리나라는 싱가포르와 비교하여 아직 대외적으로 매력적인 이미지를 갖추지 못했다. 원스톱 서비스가 가능한 시설을 갖춘 곳은 서울과 제주도뿐이다. 마이스 산업을 육성하기 위해서는 마리나 베이 샌즈처럼 원스톱 서비스 시스템을 갖추고, 근처의 비즈니스 시설까지 방문할 수 있는 투스톱 비즈니스 모델을 형성해야 할 것이다.

강북 도처에는 중국인 관광버스가 즐비하다. 경복궁역, 인사동, 신촌, 서울역, 신라호텔, 상암동 등에 관광버스가 줄지어 있는 풍경은 이젠 예사로운 일이 되었다. 그러나 서울은 숙박시설이 부족하여 호텔 잡기도 만만치 않다고 한다. 적절한 규모의 마이스 산업 인프라를 구축하면 관광객과 콘벤션을 통하여 일시적 유행이 아닌 지속 가능한 서비스 산업을 이룰 수 있을 것이다. 마리나 베이 샌즈처럼 강력한 이미지가 있다면 서울의 프로파일도 새롭게 형성되어 우리의 이미지를 외국인에게 강하게 각인시킬 수 있을 것이다.

치유와
소생의
가치를 담다

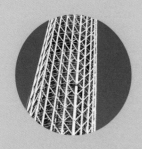

GROUND
ZERO

그라운드 제로,

정의로운 세계를 위한 상실의 기념비

그라운드 제로의 프로파일

맨해튼의 빼곡한 빌딩 숲에서 그라운드 제로는 기념비적인 공공 공간을 만들어
낸다. 땅값이 비싼 맨해튼에서 상상할 수 없을 것 같은 거대한 규모의 기념비가
땅 아래까지 9·11 테러의 아픔을 드러낸다.

　우리는 어떠한가? 삼풍백화점이 무너지고 성수대교가 무너진 자리에는 교
통사고 몇 시간 뒤면 말끔해지는 현장처럼, 여전히 더 높은 빌딩이 지어지고 더
빠르게 차들이 움직이고 있다. 바티칸의 성 베드로 성당이 베드로 성인의 무덤
위에 지어진 것처럼 쌍둥이 빌딩의 빈자리에 세워진 9·11 기념비에는 내 선조
와 가족이 묻힌 곳에 가는 듯한, 상실의 장소가 주는 아련함이 있다.

　미국과 중동의 분쟁 속에서 살아가는 양 대륙의 모든 사람에게 공평하게
상실의 아픔을 전할 수 있는 기념비로서의 그라운드 제로가 되기를 기대해본다.

2001년 9월 11일 오전 9시부터 일어난 항공기 납치와 자살 테러로 인해 뉴욕의 110층짜리 세계무역센터World Trade Center 쌍둥이 빌딩이 무너지고, 미국 국방부 건물인 펜타곤Pentagon1이 공격을 받았다.

1

미국의 최고군사기관인 펜타곤은 2만 3,000명의 군과 민간인 직원, 3,000명의 지원 인력이 근무하고 있는, 세계에서 가장 수용 인원이 많은 건축물이다. 정식 명칭은 'Department of National Defense'이며 청사의 형태가 오각형(pentagon)인 데서 기인하여 국방부를 펜타곤이라 통칭한다.

자유의 도시, 뉴욕 맨해튼의 창공을 가르던 비행기가 110층짜리 고층빌딩과 충돌하였다. 건물은 신음과 함께 검은 연기를 내뿜기 시작했고 잠시 후 다른 비행기가 바로 옆 쌍둥이 빌딩에 비스듬히 처박혔다. 뭉게뭉게 피어나던 검은 연기는 로우 맨해튼의 창공을 뒤덮었고, 불길이 번지면서 급기야 400미터가 넘는 두 건물이 지축을 울리며 무너져버렸다. 맨해튼의 하늘을 받치던 두 기둥이 흔적조차 없이 사라져버렸다. 그 안에 있던 모든 것이 먼지로 변해버리고, 수없이 많은 종잇조각과 함께 눈처럼 흩어져 내리면서 로우 맨해튼을 뒤덮어버렸다.

미국 《MSNBC》

1973년에 지어진 세계무역센터(쌍둥이 빌딩과 메리어트 호텔을 포함한 다섯 건물)는 30년간 맨해튼과 세계 경제를 움직이는 원동력이었다. 세계무역센터 건설의 주체는 민간이 아닌 주정부에 속한 공공기관이었다. 공항과 여객선 사용료, 다리와 터널 이용료 등으로 자금을 축적한 뉴욕·뉴저지 항만관리청이었다. 애초 뉴욕·뉴저지 항만관리청은 뉴욕 주와 뉴저지 주 워터 프론트water front 일대의 적하구(積荷口)를 운영하는 역할을 했다. 1930년 뉴욕·뉴저지 항만청은 뉴욕과 뉴저지를 잇는 허드슨 강에 조지워싱턴 브릿지를 세웠고 공항을 운영했으며 제

2차 세계대전 이후에는 뉴욕에 국제공항을 건립했다.

1950년대에 뉴욕 지역의 해상무역은 어려움을 겪게 되었다. 여객 서비스가 감소하였고, 컨테이너를 활용한 해상 운송 체계의 변화를 일자리가 줄어들 것을 우려한 항만 노동자의 반대로 바로 받아들이지 못했기 때문이다. 대부분의 항구는 1960년까지 문을 닫았고 비싼 창고와 운송, 노동비용으로 피해자가 속출했다. 반면 뉴저지 지구는 뉴욕보다는 사정이 나은 편이었고 두 도시를 상대하는 뉴욕·뉴저지 항만청은 타 회사에 비해 크게 성장할 수 있었다.

1960년 이후 항만청은 그동안 축적한 자본으로 공공사업을 시작했다. 금융 부분의 지원을 토대로 월 스트리트와 가까운 지역에 새로운 오피스 단지를 건설하려고 했다. 그러나 1960년 뉴욕·뉴저지 지구의 무역과 운송이 감소하여 건설을 성사하기 어려웠다. 반면 남부의 무역과 운송 중심지인 휴스턴과 뉴올리언스 지역은 거듭 성장했고, 이에 대비해 항만청은 자신들의 위상을 되찾을 수 있는 고가치 프로젝트가 필요하게 되었다. 항만청은 세계무역센터 건설을 통해 고용 창출을 유도하여 경제적 불황을 타개할 계획을 세웠다.

큰 프로젝트는 경제적으로 부담이 크다. 또한 프로젝트의 역할 분담과 재정, 토지 소유권, 디자인, 교통, 세금 문제 등을 해결하기가 쉽지 않다. 다행히 항만청은 공공기관이어서 수용권을 적용하여 건설에 필요한 부지를 손쉽게 매입할 수 있었다. 세입자는 오래된 건물보다는 새 건물에 입주하기를 원했고 주요 금융, 증권회사는 맨해튼 중심의 새로운 건물로 이동하기 시작했다. 그렇게 세계무역센터는 세계 경제의 중심으로 자리를 잡아갔다.

쌍둥이 빌딩은 이후 30년 동안 맨해튼의 스카이라인을 지배하

© Jeffmock

붕괴 이전의 세계무역센터
세계무역센터는 맨해튼과 세계 경제의 원동력이었으며, 또한 미국의 자랑이었다.

였다. 그러나 건물 자체로서의 높이와 디자인은 항상 비판의 대상이었다. 9·11테러 이틀 뒤, 건축 비평가 니콜라이 오로소프(Nicolai Ouroussoff)는 새로운 타워의 건설을 낙관적으로 보고, 과거 쌍둥이 빌딩은 대단한 상징주의에 휩싸인 건물이었다고 평했다. 건축 비평가

치유와 소생의 가치를 담다

리차드 잉거솔(Richard Ingersoll)은 더 나아가, 쌍둥이 빌딩은 근무하기에 적절하지 않은 장소이며 의미없는 위압적인 형태가 재앙을 불러왔다고 혹평하였다. 쌍둥이 빌딩에 대한 혹평의 역사는 설계 당시까지 거슬러 올라간다. 건축 역사가 만프레도 타푸리(Manfredo Tafuri)와 프란체스코 달 코(Freancesco Dal Co)는 쌍둥이 빌딩을 도시 스케일에 맞지 않고 맨해튼의 발전과 기능적 균형을 뒤흔든 건물로 보았다.

세계무역센터의 쌍둥이 빌딩은 일본계 미국 건축가 미노루 야마사키(山崎實, 1912~1986)가 설계하였다. 야마사키는 두 빌딩의 형태를 결정하기 위해 백여 개의 모델을 만들었다. 야마사키는 새로운 경지의 초고층 설계 방법을 보여주었다. 쌍둥이 빌딩의 구조는 당시로서는 혁명적이었다. 여러 하중을 타워의 코어 구조에 이동시키지 않고도 외벽식 기둥 구조를 통해 분배되고 흡수되게 함으로써 실내에는 엘리베이터 코어 이외에 내부 기둥이 없어도 문제없도록 설계하였다.

쌍둥이 빌딩이 건설되고 나자 건물을 둘러싼 작은 에피소드들이 생겨났고 거대한 크기로 혹평을 받았던 이 건물은 시민들의 관심의 대상이 되었다. 첫 번째 사건은 1974년 8월 7일, 뉴요커들의 아침 출근길을 사로잡은 장면이었다. 24살의 프랑스인 필리페 프티(Philippe Petit)가 두 빌딩 사이에 줄을 연결하고 안전장치 하나 없이 빌딩 사이를 건넜다. 두 번째 사건은 다음 해에 일어났다. 24살 뉴요커 오웬 퀸(Owen Quinn)은 북쪽 빌딩 지붕에서 낙하산을 등에 메고 빌딩 아래로 뛰어내렸다. 1977년 5월 26일 27살의 또 다른 뉴요커 죠지 윌리그(George Willig)는 빌딩 파사드의 홈에 꼭 맞는 꺾쇠를 사용해서 건물 아래부터 지붕 꼭대기까지 세 시간에 걸쳐 기어 올라갔고, 그동안 미디어의 방송을 통해 전 세계 관객들을 즐겁게 해주었다. 쌍둥이 빌딩은 아무 노력 없이 스스로를 홍보할 수 있었다.

쌍둥이 빌딩은 지진, 침입(항공기 충돌을 포함해)에 대비해 설계되었지만, 9·11 테러 당시 2만 갤런의 제트 연료유에 의한 화재를 견뎌내지 못하고 구조가 열로 녹아, 결국 무게를 감당하지 못한 채 무너져버렸다.

뉴욕은 드라마틱한 스카이라인을 자랑하는 행운과 기회의 땅이자 자신만의 신화를 창조하고 있는 땅이다. 이러한 뉴욕에서의 삶은 가장 멋진 이미지로 그려진다. 뉴욕에서 생산되는 아이디어는 전 세계를 이끌고, 수많은 상품이 전 세계로 퍼져나간다. 한때는 파리지엥이 전 세계인의 로망이었으나 이제는 그 대상이 뉴요커로 바뀌었다. 세계무역센터는 조용히 이 모든 것을 상징하고 있었다. 쌍둥이 빌딩이 9·11 테러의 목표물이 된 것도 그것이 상징하는 뉴욕의 전 세계적인 영향력 때문이었다. 공교롭게도 9·11 테러범 모하메드 아타(Mohammed Atta)는 카이로 대학에서 건축을 공부하고 함부르크에서 도시설계를 공부하던 중이었다. 그는 마천루가 도시를 지배한다는 것을 제일 잘 알고 있었을 것이다.

안전에 대한 믿음을 산산조각낸 참사가 벌어졌지만 뉴요커들은 이 위기를 잘 견디고 있다. 뉴욕을 상대로 테러를 감행한 사건은 이번이 처음이 아니다. 문화와 경제 질서에 대한 뉴욕과 워싱턴의 전 세계적 지배력에 반대하는 사람들이 있었고, 이 때문에 이전에도 종종 테러의 대상이 되었다.

도심 파괴에 대한 판타지는 소설과 영화 등 대중문화에서 자주 등장하였다. 세계무역센터와 자유의 여신상으로 상징되는 뉴욕과 워싱턴 파괴에 대한 영화적 묘사의 인기는 아마도 미국에 대한 적대감

치유와 소생의 가치를 담다

에 의해 부채질되었을 것이다. 이러한 판타지는 끔찍하게도 현실화되
었고, 뉴요커들은 아직도 재건에 힘쓰고 있다.

세계무역센터의 붕괴
세계무역센터의 붕괴는 미국
의 신화를 무너뜨렸지만, 미국
이 자만과 나태함을 버리고 새
롭게 변하는 계기가 되었다.

그라운드 제로

그라운드 제로Ground Zero는 사전적으로 핵무기가 폭발한 지점을 뜻한
다. 제2차 세계대전 중인 1945년 8월 6일과 9일 일본의 히로시마와

나가사키에 각각 떨어진 원자폭탄의 피폭 지점을 일컫는 말로,《뉴욕타임스》에서 처음 사용하였다. 이후 핵폭탄이나 지진과 같은 대재앙의 현장을 가리키는 용어로 쓰이다가 지금은 세계무역센터가 붕괴된 자리를 일컫는 말로 통용되고 있다. 아이러니하게도 미국에 의한 일본의 피해를 가리키던 단어가 미국의 슬픔과 애환, 아픈 기억을 환기하는 단어가 된 것이다.

히로시마에 원자폭탄이 떨어지면서 태평양 전쟁의 책임자였던 일본에 대한 분노와 증오가 연민으로 바뀌었듯이 뉴욕의 그라운드 제로는 중동에 대해 다소 일방적인 군사정책을 펼친 미국을 역사상 가장 큰 테러의 희생자로 만들었다. 이러한 점에서 그라운드 제로라는 명명은 복잡한 세계 문화와 정치 상황을 대변하고 있으며 국가와 이념 간의 대립에 의해 일어난 비운의 사건을 지칭한다.

미국은 과거의 재앙을 그리 심각하지 않게 받아들여왔다. 미국 경제의 핵심인 뉴욕은 특히 그러했다. 1960년대 중반의 인종 문제, 1970년대 중반 뉴욕을 강타한 파산 직전의 상황, 치솟은 부동산 가격, 빈부 격차의 증가, 교통량 증가 등의 문제가 나아지지 않고 계속되었지만 소음이나 먼지, 공해와 같은 환경오염과 이로 인한 질병에 대해서도 뉴요커들은 대수롭지 않게 여겨왔다. "여기는 세계에서 가장 멋진 도시 뉴욕이다. 어떠한 문제든 우리가 고칠 수 있다"라는 불감증이 팽배하였다.

그러나 미국을 지탱하던 신화와 현실, 상징은 2001년 9월 11일을 기점으로 받아들이기 힘든 비참한 현실로 바뀌어버렸다. 미국과 뉴욕이 잃어버린 것은 무고한 수천 명의 목숨과 잿더미로 변해버린 빌딩, 활기찼던 비즈니스뿐만이 아니었다. 뉴욕과 미국은 정복당할

치유와 소생의 가치를 담다

수 없다는 신화를 잃어버린 것이다.

　9·11 테러 이전에 벌어진 1993년 세계무역센터 저층부 폭발 사건은 건물을 무너뜨리지 못했고, 범인이 법정에 서는 것으로 일단락되었다. 1995년 오클라호마 폭발은 186명의 사상자를 내 훨씬 더 치명적이었지만, 미국인에 의해 저질러진 국내 범죄였다. 여기서 미국의 실수는 범인의 재판과 처벌에 집중했다는 것이고 이는 원인을 규명하기보다는 결과에 치우친 대처였다. 돌이켜보면 2001년 9월의 정보 시스템과 보안 시스템, 뉴욕의 교량, 터널, 대중교통, 전력 공급과 상수도 관리가 그들이 미국 밖에서 저지른 배타적 행위에 비해서 아

9·11 추모 행사 '빛의 헌사'
비영리 예술단체인 Creative Time과 The Municipal Art Society가 2002년부터 시작하였다.

주 허술했다는 것은 분명하다.

그라운드 제로는 이러한 미국에 적의 존재를 알리는 기념비적 사건이라 볼 수 있다. 9월 11일 이후, 모든 미국인은 자만과 나태한 태도를 버리고 그들의 인생이 달라졌음을 깨달았다. 전국적으로, 특히 뉴욕에서 즉각적인 연대감이 형성되었다. 이를 토대로 2002년 12월부터 무너진 세계무역센터 현장은 상실의 기념비로 재개발되기 시작했다.

다니엘 리베스킨트의 '기억의 토대'

붕괴 직후 그라운드 제로를 어떻게 처리할 것인지에 대한 논의가 시작되었다. 물론 그 장소에 꼭 무얼 지어야 하는지 의문을 제기하는 사람들도 있었고, 제대로 기억하려면 파편과 잔해를 모아서 그대로 남겨둬야 한다는 주장도 있었다. 그러나 그냥 비워두거나 파편을 모아두는 것은 현실적으로 무리가 있었다. 또한 세계무역센터가 남부 맨해튼에서 랜드마크 역할을 했던 만큼 시각적 상실감도 상당히 컸다.

9·11 테러에 의해 산산조각난 세계무역센터의 옛 모습을 수복하고 뉴욕의 위상을 다시 세우고자 2002년 12월부터 이 지역의 재개발이 추진되었다. 사업 추진의 주체는 1960년대 세계무역센터의 쌍둥이 빌딩을 세운 뉴욕·뉴저지 항만청이었다. 뉴욕·뉴저지 항만청 내에 설립한 남부 맨해튼 개발회사Lower Manhattan Development Corporation와 테러가 벌어지기 전에 세계무역센터를 장기 임대하였던 부동산 개발업자인 래리 실버스타인(Larry Silverstein)이 재건사업을 진행하였다.

먼저 국제적인 설계공모전을 열어 7개의 최종 후보를 추려냈다.

치유와 소생의 가치를 담다

그라운드 제로 조감도

공개 면접심사 끝에 당선된 안은 다니엘 리베스킨트(Daniel Libeskind)의 '기억의 토대Memory Foundation'였다. 그는 그라운드 제로를 희생자를 기리는 추모 공원과 이를 에워싼 새로운 고층빌딩으로 구성하였다.

세계적인 건축 거장 다니엘 리베스킨트

쌍둥이 빌딩이 있었던 바로 그 자리에는 정사각형에 가까운 두 개의 웅덩이 지하부를 두고 붕괴된 기초부의 벽을 상처 입은 그대로 두었다. 리베스킨트는 그 벽을 테러에서 살아남은 것들 가운데 가장 극적인 것으로 보았다. 그는 맨해튼 지하에 있는 암반과 쌍둥이 빌딩 지하의 벽을 노출하여 이곳의 원초적이며 상처입은 모습을 보여주자고 제안했다. 또 암반 위에서 매년 9·11 추모 행사를 개최해 상처 입은 땅에 기념성을 부여하자고 했다.

리베스킨트의 마스터플랜에서 쌍둥이 빌딩 자리와 그 주변은 기념 공원으로 계획되었다. 서로 대칭을 이루는 두 공원의 명칭은 '영웅

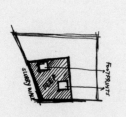

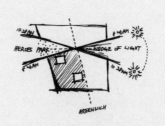

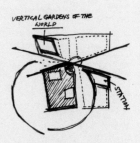

심장과 영혼: 기억의 토대
암반과 붕괴된 기초부의 벽을
그대로 두어 민주주의에 대한
영웅적 토대를 드러냄

9월 11일의 매트릭스
그라운드 제로를 향해 영웅적인
선들이 그어짐

빛의 쐐기, 영웅의 공원
매년 9월 11일 오전 8시 46분
부터 10시 28분까지 지하암반에
햇빛이 들어옴

승리를 거둔 삶, 스카이라인
주변 스카이라인을 1,776피트에
맞춤

리베스킨트의 설계 개념
다니엘 리베스킨트는 그라운드
제로에서의 경험을 바탕으로
'기억의 토대'를 설계하였다.

의 공원Park of Heroes'과 '빛의 쐐기Wedge of Light'로서, 공원은 세계무역센터 단지와 주변 지역을 이어주는 열린 공간으로 구성된다. 영웅의 공원은 쌍둥이 빌딩 자리로서 두 개의 사각형 테두리 바닥에서 지상으로 분수를 쏘아 올리고, 관람객들은 지상에서 아래를 내려다보면서 파괴의 현장을 목격한다. 그리고 다시 그 밑으로 가서는 위를 올려다보면서 분수의 물줄기를 따라 사라진 쌍둥이 빌딩을 회상하게 되는 것이다. '빛의 쐐기' 공원은 매년 9월 11일 오전 8시 46분부터 10시 28분까지 맨해튼의 지하암반에 햇빛이 들어오도록 설계되었다. 빌딩 숲 사이로 햇빛이 비추는 102분은 9·11 테러가 일어난 시간, 즉 첫 비행기가 북쪽 건물에 돌진한 때부터 그 건물이 남쪽 건물에 이어 무너져내리기까지의 시간이다. 매년 9·11을 기억하기 위해 그라운드 제로를 방문한 사람들은 '빛의 쐐기' 공원의 암반 위에서 그 끔찍한 102분간의 공포와 혼돈, 죽음을 애도하게 되는 것이다.

그라운드 제로의 공사 모습

그라운드 제로, 정의로운 세계를 위한 상실의 기념비

하지만 이 계획의 실현 가능성에 대한 반론들이 제기되었다. 매해 햇빛이 들어오는 각도가 달라질 수 있다는 주장, 그리고 이웃한 호텔 건물 때문에 해가 가려질 것이라는 주장도 등장하였다. 그렇지만 고층 건물 사이를 통해 그라운드 제로에 햇빛이 비치도록 건물을 배치하겠다는 마스터플랜은 대단한 발상이었다.

고층빌딩 계획안에서 리베스킨트는 모든 건물을 유리로 마감하였다. 특히 자유의 여신상과의 관계를 중요시하며 대중성을 확보하고자 했다. 그 방법 중 하나는 횃불을 들고 있는 자유의 여신상 모양을 건물의 상층부에 탑이 올라가 있는 추상적인 형식으로 재현한 것이고, 다른 하나는 유리벽의 각도를 조절하여 멀리 있는 자유의 여신상이 건물에 비치게 하는 것이었다.

설계 공모안 심사를 받던 현장에서 리베스킨트는 후보자 가운데 유일하게 그라운드 제로에 내려가 위를 올려다본 자신의 경험을 묘사했다. "이민선(移民船)에서 처음 봤던 자유의 여신상 불빛이 떠올랐다"라는 그의 발표는 심사위원들의 눈가를 촉촉하게 적셨다고 한다. 그는 여신상의 횃불을 빛의 쐐기 공원에 비칠 햇빛과 연결함으로써, 9·11 사건으로 위협받은 아메리칸 드림을 다시 이어나가자고 설계 취지를 설명했다.

유대인으로서 홀로코스트의 기억을 안고 살아가는 리베스킨트는 다른 어떤 건축가보다 기념성이 강한 건물의 설계에 능숙하였다. 그는 자유의 여신상을 오마주한 빌딩에 '자유의 탑Freedom Tower'이란 이름을 붙여 강한 상징성을 부여했다. 또한 미국이 독립을 선언한 1776년을 염두에 두고 빌딩 높이를 1,776피트로 정해 대중에게 강하게 어필하였다.

치유와 소생의 가치를 담다

리베스킨트의 '기억의 토대'는 상실의 기념성에 대한 강력한 개념으로 설계공모전에 당선되었지만, 재건 주체들은 리베스킨트의 마스터플랜만 채택하고 개개의 건물 설계는 다른 건축가들에게 의뢰하였다. 리베스킨트가 건물 설계까지 맡지 못한 것은 미국의 현실에서 보면 어쩔 수 없는 일이었다. 한 명의 건축가에게 프로젝트 전체에 해당하는 일곱 개의 건물을 한꺼번에 의뢰하는 경우는 거의 없다고 봐야 한다. 한 곳에 의뢰했다가 실패할 경우에 위험 부담이 너무 크고, 각각의 건물에는 사적 자본도 참여하기 때문에 건축주의 의지와 취향도 반영할 필요가 있었다. 다만 리베스킨트가 마스터플랜에서 제시한 고층빌딩인 '자유의 탑'과 자유의 여신상이 서로 대화하는 듯한 형상을 볼 수 없다는 건 분명 아쉬운 일이다.

1 세계무역센터(One World Trade Center)

리베스킨트가 제안한 자유의 탑은 미국계 설계회사인 SOM의 데이비드 차일드(David Childs)가 설계를 맡아 진행하면서 다른 모습으로 태어났다.

데이비드 차일드가 설계한 '1 세계무역센터'는 높이가 1,368피트로 리베스킨트가 제안한 높이보다 낮지만 안테나를 세워 1,776피트에 맞추었다. 공식적으로 안테나의 높이는 초고층 건물의 높이에 포함되지 않으므로 여전히 상징적인 높이이다. 데이비드 차일드는 지상의 테러에 대비하여 57미터 높이까지는 두께 1미터 이상의 콘크리트 벙커와 같은 구조로 건물을 설계하였다. 너무 과도한 설계가 아니냐는 비난을 받긴 했지만, 9·11이후 테러에 대한 경각심이 고조된 분위기에서 상징적으로 대테러 건물의 설계 경향을 대표할 수밖에 없었다.

새로운 세계무역센터
미리 본 '1 세계무역센터'(좌)와
'2 세계무역센터'(우)의 모습

수정과 같은 결정의 모습을 한 건물은 표면의 유리가 대기 조건과 시간에 따라 빛을 다양한 각도로 반사하며 자신의 존재를 드러낸다.

2 세계무역센터(Two World Trade Center)

노먼 포스터가 설계한 '2 세계무역센터'도 유리면으로 되어 있으며, 리베스킨트의 '빛의 쐐기'의 개념에 맞추어 추모 공원의 북쪽 분수에 빛이 들어오도록 약간 비껴 선 모습을 하고 있다. 포스터는 하나의 건물이 네 개의 건물처럼 보이도록 설계하여 빛과 그림자가 동시에 생기도록 하였으며, 꼭대기를 사선으로 하여 네 개의 다이아몬드가 추모공원 쪽으로 기울어져 스스로 빛의 쐐기처럼 보이게 설계하였다. 88층 건물로서 안테나를 포함한 높이는 1,359피트로 1 세계무역센터보다는 낮다. 2016년 완공을 목표로 하고 있다.

3 세계무역센터Three World Trade Center와 4 세계무역센터Four World Trade Center는 각각 리처드 로저스와 후미히코 마키(槇文彦)가 설계하였다. 1~4번 순서로 높이가 낮아지는 리베스킨트의 마스터플랜대로 각각 1,155피트와 947피트의 높이다.

국립 9·11 기념비(National September 11 Memorial & Museum)

리베스킨트 마스터플랜의 핵심은 그라운드 제로 전체를 9·11 테러를 기념하는 기념비처럼 만들겠다는 것이었다. 그의 마스터플랜에 따라 2003년에 국립 9·11 기념비 설계공모전이 열렸고, 당시 세계 최대 규모인 5,000안이 넘는 설계안을 받았다. 심사위원에는 워싱턴의 베트남전 기념비 설계공모전에서 학생 신분으로 당선되었던 마야 린도 포함되어 있어 그 의미를 더하였다.

치유와 소생의 가치를 담다

당선안을 설계한 마이클 아라드(Michael Arad)와 피터 워커(Peter Walker)는 희생자의 부재가 느껴지도록 디자인하였다. 리베스킨트가 마스터플랜에서 '영웅의 공원'으로 쌍둥이 빌딩의 빈 자리에 제안한 아이디어가 기념성의 핵심인 공간만을 고려했다면, 이들이 설계한 '부재의 반추Reflecting absence'는 뉴요커의 일상성과 기념성을 동시에 고려하였다.

쌍둥이 빌딩이 있던 지하부 자리에는 사각형 풀pool을 설치하고, 풀의 네모 테두리에서 폭포처럼 물이 떨어지게 만들었다. 그 테두리에 3,000명 정도의 희생자 이름을 하나하나 새겨 넣어 희생자 개인을 기리고, 이름을 손으로 만져도 지문이 남지 않도록 특수마감한 검정 철판을 사용하는 등 경건한 분위기를 조성하기 위하여 최선을 다하였다. 추모공원을 찾은 이들은 그라운드 제로를 향해 떨어지는 물줄기와 테두리에 새겨진 희생자의 이름을 보며 그들의 부재를 느낀다. 그리고 밤에는 지하에서 빛이 나와 이름을 빛나게 하여 365일 내내 희생자들을 기릴 수 있게 하였다.

공평한 세계를 위하여

미국의 민주적 지성이라 일컬어지는 노암 촘스키(Noam Chomsky)는 미국은 자국 내에서는 기독교 정신에 따라 남에게 베푸는 데 인색하지 않지만, 미국 밖에서는 '한 손엔 총, 다른 한 손엔 성경'을 들고 있는 꼴이라고 비판을 서슴지 않았다. 그만큼 적을 많이 만들었다는 뜻이며 반미감정의 핵심적 이유이기도 하다. 한편 중동의 이슬람 정신

JOSEPH LOSTRANGIO
SANTOS III
SANFORD M. STOLLER
HOMAS
POLHEM
SHASHIKIRAN LAKSHMIKANTHA KADABA
HEMANTH KUMAR PUTTUR
BRIDGET ANN ESPOSITO
LORETTA ANN
SIG   CHARLOTTE
ANNE T. RANSOM
LUCIA GRIFFIN

© PWP Landscape Architecture

© PWP Landscape Architecture

은 '눈에는 눈, 이에는 이'라는 셈법을 정확히 지키는 쪽이다. 결국 두 세계는 마치 창과 창이 만난 것처럼 이해를 둘러싸고 첨예하게 대립하고 있으며, 그에 따른 희생자가 속출하고 있다. 세계 곳곳에서 강대국에 대한 반대 시위와 테러는 계속되고 국제 뉴스는 각종 분쟁으로 도배되고 있다.

그라운드 제로에는 자유의 여신상을 오마주한 자유의 탑과 9·11 기념비가 같이 서 있어 워싱턴 내셔널 몰에 워싱턴 기념비와 한국전 기념비 그리고 베트남전 기념비가 있는 것과 일견 같은 구성으로 보이지만, 워싱턴의 내셔널 몰이 나라를 지켰던, 그리고 세계를 지켰던 숭고한 빛으로 가득 찼다면 뉴욕의 그라운드 제로는 상실감과 더불어 가치 없는 희생을 만들어낸 것에 대한 후회와 반성이 담긴 기념비인 듯하다.

그러나 미국의 정반대편인 중동에서도 가치 없는 희생은 발생하고 있다. 미국의 신무기인 무인정찰공격기는 반미 테러리스트를 잡는 작전에서 많은 민간인과 어린이 희생자를 만들고 있다. 드론Drone은 미군 군사기지에서 조종되며 마치 컴퓨터게임을 하듯 도시를 공격한다. 그라운드 제로는 이런 가치 없는 희생까지 기념해주어야 한다. 뉴욕의 아픔만을 달래기엔 서로가 잃은 것이 너무 많다.

그라운드 제로는 땅 아래의 기념 공간과 땅 위의 많은 공간을 공공의 공간으로 만들면서 예전 세계무역센터 때보다 기념적이며 또한 개방적인 장소로 바뀌어가고 있다. 그러나 이제부터는 9·11만의 기념 공간을 넘어 보다 정의로운 세계를 위한 공유와 화합의 장 역할을 하며 뉴요커와 전 세계인으로부터 사랑을 받는, 공평한 세계를 위한 상실의 기념비가 되어야 한다.

부재의 반추
뉴욕 맨해튼에 있는 9·11 테러 추모 공원 '부재의 반추'가 인파로 붐비고 있다. 방문객들은 떨어지는 물줄기와 희생자의 이름을 보며 그들의 부재를 마음에 새긴다.

JAPAN

일본,
대재앙 후의 소생

일본 프로파일

일본인에게는 매우 쓰라린 재앙과 폐허의 경험이 있다. 제2차 세계대전 때 원폭의 기억이 여전히 남아 있으며, 대지진과 쓰나미의 재앙은 아직도 계속되고 있다. 그런 까닭에 일본 문화에서 폐허와 파멸의 이미지는 중요한 테마가 되었고, 여러 매체를 통해 대재앙에 대한 그들만의 철학을 표현해왔다.

지난 2011년에 일어난 동일본 대지진은 일본 동부 전역에 커다란 피해를 주었다. 지진이 일어나자 일본인은 한없이 슬퍼하고 추모하기보다는 복구와 소생에 초점을 맞추었다. 지진 직후에 만들어진 피해 지역의 포스터에는 "함께 슬퍼하기보다는 당신의 일을 열심히 해주세요. 그것이 피해지를 건강하게 해주는 힘이 됩니다. 전보다 좋은 마을을 만들겠습니다"라고 적혀 있었다. 얼핏 보면 단순한 희망과 복구에 대한 메시지가 적힌 포스터 문구로 보이지만, 여기에는 일본인 특유의 '체념 사상'이 담겨 있다.

다른 나라에서 대지진은 평생 한 번 맞닥뜨릴 만한 일이다. 하지만 일본은 상황이 다르다. 그들이 매번 좌절하고 슬퍼한다면, 피해를 복구할 틈 없이 계속해서 폐허만이 쌓여갈 뿐이다. 폐허로부터 성장한다는 개념은 일본 건축에서도 여러 형태로 드러나고 있으며, 이 개념은 창작의 원동력이 되곤 하였다. 애니메이션, 영화, 문학, 미술, 그리고 건축에서 체념의 감성과 더불어 새로운 희망은 끝없는 레퍼토리이다.

01

01
원자폭탄으로 폐허가 된
히로시마

02
동일본 대지진이 몰고 온
쓰나미의 피해

폐허에서 시작하는 건축

지진을 테마로 한 예술작품

———— 1
1946년 일본에서 출생한 건축
가 후지모리 테루노부는 실험
적이고 자연주의적인 건축으
로 알려져 있다. 일본을 비롯
하여 대만, 호주, 영국, 독일 등
에서도 여러 프로젝트와 전시
회를 통해 왕성하게 활동하고
있다. 그의 디자인은 건축뿐
아니라 작은 소품이나 공상과
학적 도시계획안으로도 확장
된다.

2011년 동일본 대지진을 이미지화한 일본의 한 예술 작품이 있다. 이 작품은 일본에서 지진이 발생한 직후 그 소식을 다루고 있는 신문 위로 보란 듯이 새싹이 뚫고 나오는 모습을 보여준다. 이 작품에서 볼 수 있듯이 일본인은 지진이라는 대재앙을 무한한 슬픔으로 받아들이기보다는 어쩔 수 없는 자연의 공격으로 받아들이고, 다시 자연의 힘을 이용하여 대응하고 극복해나가고자 한다. 이런 일본 특유의 철학을 건축적으로 잘 보여주는 이가 건축가 후지모리 테루노부(藤森照信)[1]이다. 그는 폐허 후의 소생을 건축 개념으로 삼아 다양한 설계 작업에 임하고 있다. 그에게 폐허는 새로운 시작을 가능케 하기 때문에 의미가 있다.

1960년대의 일본은 공업화로 인해 크게 오염되었다. 도시의 병폐와 마주했던 후지모리는 이 문제를 학부 졸업 과제에서 풀어보고

치유와 소생의 가치를 담다

02

자 했다.

> 첫째, 센다이를 모두 폐허로 만든다. 둘째, 강가의 초목이 자라나 거리와 도시
> 까지 뒤덮도록 허한다. 셋째, 그 위에 인공물로서의 다리를 건설한다. 즉, 이
> 시나리오는 '폐허 → 자연의 소생 → 인공물의 재구축'의 순서로 요약된다.
>
> – 김현섭, 「폐허와 소생의 환시(幻視)」

후지모리가 제안한 재생 과정에서는 과거 재앙의 기억을 추모하
기보다는, 망가진 자연의 소생과 인공물의 건설이 주요 목표였다.

이런 소생에 대한 관념은 당시 일본 사회에 내재되어 있던 재앙
에 대한 경각심과 자연에 대한 두려움, 한편으로는 자연을 갈망하는
양단(兩端)적 인식체계와 그 맥을 함께 하고 있다. 2006년 베니스 비엔
날레에 전시한 그의 〈동경계획 2107〉 역시 후지모리의 가정대로 현대
도시문명이 폐허가 된 후 자연이 소생하였을 때를 계획한 것이다.

동경계획 2107
후지모리의 새로운 도시계획
제안은 폐허와 소생이라는 관
점에 입각하여 자연의 재소생
을 통한 부활을 나타내는 것으
로 매우 공상적이다.

이 계획안은 지구 온난화와 해수면 상승으로 현대 도시가 파괴되고 물에 잠
기는 상황에 대한 대책으로서, 바다와 사막 사이에 숲을 조성하고 해변의 녹
지에 초고층 목조건물을 세우는 것을 골자로 한다. 특히 목조건물은 산호초를
태워 만든 석회를 바름으로써 대기 중의 이산화탄소를 흡수토록 했는데, 이
구조물의 형태 자체가 산호를 연상시킨다. 후지모리는 이를 통해 자연의 회복
을 희망했고, 그 결과로 사막 지대에 초목으로 덮인 유사한 형상의 토탑(土塔)
이 솟아나길 기대한다.   – 앞의 글

　　　　　　　치유와 소생의 가치를 담다

© kentamabuchi

타카스기안
타카스기안은 그만의 트레이드마크인 토속적 건축 스타일과 재앙으로부터의 회피와 탈피라는 일본인의 고유한 정신을 함께 담고 있다.

　인류의 새로운 보금자리 같은 토탑은 오염원의 감소로 인한 자연의 회복 혹은 대지의 여신(地母神)에 의해 자연스럽게 솟아오르는 것을 뜻하였다.

　후지모리의 거친 토속적 건축 스타일은 단순히 자연적인 소재를 이용한 친환경 건축의 범주 안에 갇혀 있는 것이 아니다. 그 이면에는 작품 구현을 가능하게 해주는 현대의 기술이 뒷받침되어 있다.

　그의 대표적인 건축 작품 '타카스기안(高過庵)'을 받치고 있는 나

무 기둥은 다른 곳에서 베어온 통나무를 콘크리트 기초 위에 세운 것이다. '야키스기하우스(燒杉ハウス)'에서 자연스럽게 휘어 있는 천연나무 기둥에 창을 끼워 넣은 기술도 초현대적이며 '츠바키성(ツバキ城)'에 이용된 석재 외장재와 그 사이를 흙과 잔디로 채움으로써 마치 석재를 쌓아 올린 동화 속 성(城)과 같이 보이게 하는 기술 또한 초현대적이다. 기술을 바탕으로 한 후지모리의 토속적 건축 스타일은 건축을 통해 소생의 이미지를 만들고자 하는 노력인 동시에 전통을 모방하되 새로운 기술로 지역의 특색을 살리는 랜드마크를 만들려는 것이다.

그의 작품 기저에는 일본의 소생에 대한 전통이 서려 있다. 일본의 수많은 사원 중에서 가장 오랜 역사를 자랑하는 것은 '이즈모타이샤(出雲大社)'이다. 이 사원에서 주목할 만한 점은 거대한 본전을 떠받치고 있는 아홉 개의 기둥이다. 보통 상식적으로 생각했을 때, 가운데 심주(心柱)를 중심으로 여덟 개의 기둥이 주위를 둘러싸고 지붕을 지지하는 구조가 일반적이다. 그러나 이즈모타이샤의 심주인 이와네노미하시라(岩根御柱)는 바닥 밑에서부터 본전을 관통하여 올라가면서 신장(背丈)을 조금 지난 부분에서 멈추어 있다. 이는 구조체로서 작용하지 않는 기둥인 셈이다. 이에 대해 후지모리는 그의 저서에서 "중앙의 기둥이 실용적인 것이 아니라, 상징적인 존재임을 의미한다"라고 했다.

한편, 이와 유사한 일본의 대표적인 전통 신사인 이세신궁(伊勢神宮)은 '낡은 것을 새롭게 한다. 재생을 통해 영원의 번영을 누린다'라는 사상을 기반으로 20년마다 신궁의 신전을 옆 대지에 새로 짓고 원래 것을 해체하는 식년천궁(式年遷宮)을 행하는 것이 특징이다. 식년천

이세신궁의
신노미하시라(心御柱)

치유와 소생의 가치를 담다

03

04

궁 시에는 내외궁의 정궁뿐만 아니라 별궁, 주변의 담, 도리이, 신사의 보물과 의복에 이르기까지 모든 것을 새롭게 바꾼다. 준비 기간만 8년, 총비용은 8000억 원에 달하는 큰 행사이다. 이를 통해 신궁의 1,300여 년 전 모습을 그대로 유지하며 보존할 수 있다고 믿는 것이다.

　　그런데 20년마다 찾아오는 이세신궁의 식년천궁 행사 시 유일하게 그대로 보존되는 부분이 있는데, 바로 신노미하시라(心御柱)이다. 앞서 언급한 이즈모타이샤의 이와네노미하시라와 마찬가지로, 신노미하시라 역시 사전(社殿)² 중앙의 땅속에 묻힌 기둥인데 2000여 년의 세월 동안 고이 보존되고 있다. 구조적인 역할을 하는 것은 아니지만 신궁의 중심에서 가장 신성하게 보호받는 부분으로, 제(祭)를 담당하는 사람 이외에 누구의 접근도 허용하지 않는 상징적인 의미를 지닌다. 이에 대해 후지모리는 이와네노미하시라와 신노미하시라 모두

03
이즈모타이샤
이즈모타이샤는 일본에서 가장 오래된 사원이다.

04
이세신궁
이세신궁은 식년천궁 행사를 통해 그 모습을 유지한다.

——— 2

신사의 신체(神體)를 모신 건물을 가리킨다.

—— 3

요리시로는 신령이 나타날 때 매체가 되는 것으로 나무가 가장 대표적이다.

'신이 강림하기 위한 이정표이자 요리시로(依代)³'라고 밝히고 있다.

이렇게 일본의 전통 사원 건축에 있어 중앙을 관통하는 심주가 갖는 신성함과 사상적 가치는 지대하다.

전통 축제에 담긴 소생의 과정

후지모리가 유년 시절을 보낸 나가노현 스와시(諏訪市)에 있는 스와타이샤(諏訪大社)에서는 7년에 한 번 보전(宝殿)을 신축하고, 사전(社殿)의 네 구석에 세워져 있는 각각의 오오키(大木, 큰 통나무 기둥)를 새롭게 바꿔 세우는 축제가 열린다. 이것이 '스와타이샤 식년조영온바시라마츠리(諏訪大社式年造營御柱祭)'인데, 약칭으로 '온바시라마츠리(御柱祭)'로 불린다. 여기서 온바시라 역시 앞에서 설명한 신사의 심주와 같은 신을 위한 신성한 요리시로의 의미를 가지며, 마을의 안녕을 기원하는 대상이 된다. 이 마츠리의 주요 행사는 산속에서 거목을 가져와 수호신을 받드는 우지코(氏子)⁴가 올라탄 상태에서 일부러 언덕에서 떨어뜨리고, 강을 건너는 등의 모험을 거친 후 마침내 인력만을 이용해 경내에 세우는 것이다. 신성한 요리시로와 갖은 고난을 함께 겪은 후 새롭게 세우는 행위야말로 마을에 끊임없이 들이닥칠 대재앙에 맞선 극복과 소생의 과정이라고 볼 수 있다.

—— 4

신사를 중심으로 그 신사가 속한 지역의 신도, 지역을 가리킨다.

한 칼럼과의 인터뷰에서 그는 "특별히 의식하지는 않지만, 건축적으로 영향을 받지 않았나 생각합니다. 온바시라마츠리에는 어릴 때부터 쭉 참가해왔습니다. 기둥이나 돌이 서 있다는 것은 조몬시대(일본의 신석기 시대)의 종교적인 관습이니까요. 온바시라마츠리는 그런

관습의 여운이라고 할 수 있습니다"라고 답하고 있다.

후지모리 작품의 이면에는 대재앙에 대한 일본 전통 신앙의 특성이 내재하고 있다. 일본의 가장 오래된 사원인 이즈모타이샤와 식년천궁이 행해지는 이세신궁, 스와타이샤의 심주는 모두 국가의 안녕을 위해 신을 맞아들이는 것으로서 일본의 건축 사상에 크게 영향을 끼쳤다.

즉 일본 특유의 대재앙에 대한 사고 방식과 전통 사상으로부터 큰 영향을 받은 후지모리는 그의 건축 작품들을 통해 자연적 소생이

온바시라마츠리
7년에 한 번씩 열리는 온바시라마츠리는 규모가 타의 추종을 불허하는 큰 축제로 스와시 사람들을 열광하게 한다.

라는 자신만의 독특한 건축 언어를 창조하며 대재앙으로부터의 소생
이라는 의미를 지닌 일본의 랜드마크를 구축해내고 있다.

호류지 목탑과 도쿄 스카이트리

심주의 전통이 반영된 곳은 스와타이샤와 이세신궁과 더불어 가장 구
조적인 구조로서 호류지(法隆寺) 5층 목탑을 들 수 있다. 호류지 목탑
의 심주는 온바시라마츠리에서처럼 멀리서 운반되어온 목재이다. 목
탑은 지금까지 지진으로 붕괴한 예가 없는데, 그 비밀은 30미터가 넘
는 길이의 심주에 있다. 목탑은 독립적인 다섯 개의 층이 아래에서부

05
호류지 5층 목탑의 단면

06
호류지 5층 목탑

05 06

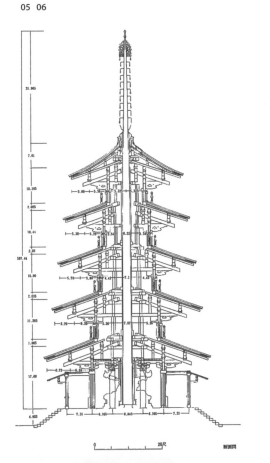

터 쌓아 올려진 구조로 되어 있다.

호류지 5층 목탑은 각 층이 차양이 긴 큰 지붕을 가지고 있는 것, 탑신[5]의 폭이 상층으로 갈수록 조금씩 좁아지는 것, 가운데를 심주가 관통하고 5층의 상부에서만 심주와 접하고 있는 것, 5층의 상부에 긴 상륜[6]을 심주 끝에 씌운 것 등 다른 건축물에선 볼 수 없는 특징을 가지고 있다.

이러한 구조적 특징들은 오층탑의 내진성에 깊이 도움을 준다. 지진 진동에 의해 각 층부에 전도, 낙하의 위험이 생길 때, 심주가 층의 기울임을 억제하고 전도, 낙하를 방지하는 역할을 한다. 심주는 위쪽의 층이 균형을 잃을 때 지지해주고 같은 층이 다시 균형을 회복하면 다시 탑신에 몸을 맡긴다. 심주의 연결 부분에 충분한 강도가 요구되지만, 연직 상향의 힘에 대해 저항이 없는 쌓기 식의 약점을 심주가 훌륭하게 보완하고 있다. 그러므로 심주는 오층탑의 구조 중에서도 특별하다. 종교적인 의미뿐만 아니라, 내진성의 근원을 중심 기둥에 두기 때문이다.

결국 호류지 5층 목탑의 내진성의 비밀은 5층 쌓기식 구조와 탑신과 간격을 둔 한 개의 중심 기둥과의 절묘한 조합에 있다. 목탑 기술은 중국에서 한국으로, 한국에서 일본으로 전해졌다. 중국과 우리나라의 목탑에는 중심 기둥이 없다. 지진의 위험에 노출되어 있는 일본에서 그들만의 심주 전통에 따라 목탑 구조를 발전시킨 것은 자연에 대응하는 소생적인 건축의 근원을 표현하는 것이다.

일본의 전통 사상과 건축 기법이 기반이 된 최근의 랜드마크로서 '도쿄 스카이트리Tokyo Skytree'를 들 수 있다. 634미터라는 어마어마한 높이의 이 건축물 역시 1300여 년간 어떠한 지진과 재앙에도 안전하

—— 5
탑기단과 상륜 사이의 탑의 몸체를 가리킨다.

—— 6
불탑의 꼭대기에 있는 쇠붙이로 된 원기둥 모양의 장식이다.

도쿄 스카이트리
도쿄 스카이트리는 상냥함이 라는 일본의 전통 사상과 안전 함이 입증된 전통적 건축 기법 이 조화를 이룬 새로운 상징물 로, 동일본 대지진을 기억하고 추모하며, 그 시련을 극복해가 는 일본을 상징한다.

게 버텨온 호류지 5층 목탑의 심주와 그 구조적 원리를 차용함으로써, 안전과 함 께 동일본 대지진의 시련을 극복해가는 일본의 새로운 상징물로 자리 잡고 있다.

일본은 2011년 방송 시스템을 아날 로그에서 디지털로 바꾸면서 방송사가 합자하여 디지털 전파 송신탑으로 스카 이트리를 세웠다. 110년이 된 건설사 오 바야시구미(大林組)가 시공하고 안도 다 다오가 감수하였다. 제2차 세계대전 패 전 후 재건 사업의 일환으로 1958년에 완공된 도쿄 타워(333미터)가 일본 재건 의 상징인 것처럼, 스카이트리는 2011년 3·11 대지진으로 무너진 일본의 재건을 상징한다.

스카이트리는 기초 말뚝을 절(節)이 있는 벽 형태의 구조로 함으로써 마찰 저 항을 크게 하였다. 이 절은 마치 스파이 크슈즈spike shoes의 밑바닥과 같은 것으로, 방사형으로 땅속에 돌려 박아 나무의 뿌 리처럼 지반과 거의 일체화시켰다. 또한 지상에 보이는 타워 철골은 그대로 지하 말뚝에 연속으로 연결하여 힘을 직접 전 달하고 있다. 이른바 대지에서 자라난 큰 나무처럼 서 있다.

지진이나 강풍 시 흔들림에 저항하기 위해 중앙에 마련한 철근 콘크리트 심주와 외주부의 철골조의 탑체를 구조적으로 분리하고, 중앙부의 심주 상단을 '추'로 작용하게 한 새로운 제진 시스템을 적용하였다. 이 제진 시스템을 '심주 제진'이라고 부른다. 이 방식은 호류지 목탑의 심주를 모방한 것이기 때문이다. 도쿄 스카이트리는, 하늘을 향해 뻗은 큰 나무와 같은 이미지이다. 실루엣은 일본 전통건축에서 볼 수 있는 '소리[7]'와 '무쿠리[8]'를 의식하고 큰 나무 아래에 사람들이 모여 마음을 나누는 모습을 나타낸다. 이름에서 연상되는 하늘과 나무도, 사람과 지구에 친절한 커뮤니티를 지향하는 것이다.

세계 곳곳에는 대재앙에 따른 피해를 기억하고 추모하기 위한 다양한 방식의 랜드마크가 존재한다. 그중 특히 일본에는 제2차 세계대전의 상처뿐 아니라, 지진과 쓰나미라는 자연 재해가 끊임없이 반복되는 환경에서, 역사·문화적으로 이에 대한 나름의 독특한 사고방식이 자리 잡게 되었다. 그들은 자연에 대한 체념을 건축에 반영하여 건축물이 자연에 순응하고 자연의 횡포에 버티게끔 하는 방법을 추구한다. 심주의 전통(재료의 선택부터 운반 그리고 그것을 둘러싼 협동정신의 놀이화, 기둥을 세우는 상징적인 건축 행위 등)은 현대의 일본건축에서도 재현되고 있다. 자원과 현대기술을 수단으로 여기지 않고 겸손하게 또한 전통적 방법의 변형을 통해 대하는 자세는 디자인이라는 허울 아래 개인의 창조성만을 믿고 형태적 유희를 벌이는 건축 행위와는 상반된다.

---

[7] 일본도의 완만한 곡선처럼 선 혹은 면이 위쪽으로 오목하게 구부러져 있는 것을 말한다.

---

[8] '소리'와 반대로 선이나 면이 위쪽으로 볼록하게 구부러져 있는 것을 가리킨다.

RELIGIOUS ARCHITECTURE

교회,

순례와 관광 사이에서

교회건축의 프로파일

진정한 종교적 갈구와 더불어 호사(豪奢)적 기호에 이르기까지 오늘날 교회는 많은 이가 찾는 장소가 되었다. 토속신앙이 강한 일본인들도 결혼식 장소로 교회를 애용하는 등 이제 교회는 여러 의미에서 없어서는 안 되는 곳이다.

313년 콘스탄티누스 대제가 기독교를 공인한 직후부터 많은 기적의 장소가 그야말로 북새통을 이루기 시작했다. 로마의 성 베드로 성당으로 가는 다리는 붐비는 순례자 때문에 무너지기도 했을 정도다. 로마에서는 앞다투어 교회를 건설했다. 고대 로마의 바실리카basilica라는 기다란 ㅁ자형 건물에는 지붕을 씌워 교회로 탈바꿈시켰다. 이후 바실리카 형태는 십자가 형태의 평면으로 진화해 나갔다.

교회건축 중 전 세계에 널리 알려진 랜드마크는 스페인의 성가족 성당, 프랑스의 노트르담 대성당 등이 있다. 현재 이곳들은 종교적 의미에 관광명소라는 세간의 평가가 더해져 그 지역에 가면 꼭 봐야 할 건축물로 손꼽는다. 순례와 관광, 모두 다 실체를 보고 체험하고 사람의 심상에 이미지를 담으려는 것이다.

종교 건축물이 관광명소가 된 것은 어제오늘의 이야기가 아니다. 고대 이집트에서는 이미 신전순례 형태의 관광이 있었다. 그 당시에는 여행자를 신성한 사람으로 여겨 환대하던 관습이 있었고, 이를 호스피탈리타스Hospitalitas라 하며 최고 미덕의 하나로 여겼다. 일찍부터 종교건축을 토대로 관광이 싹을 틔웠던 셈이다.

그러나 5세기에 이르러 로마제국이 무너지면서 치안 문란, 도로 황폐화, 화폐경제에서 실물경제로의 역행 등 악조건이 겹쳐 중세 십자군 전쟁 때까지는 관광의 공백기였다. 집 밖에 나가기가 무서운 시절이었다. 그러다 십자군 전쟁 이후 동서 문물 교류에 따라 형성된 타문화에 대한 호기심과 예루살렘을 비롯한 성지순례에 대한 열망으로 관광은 다시 성행하였다. 역시 여행의 형태는 대부분 수도원에서 숙박하는 가족 단위의 종교 관광이었다.

종교 건축물은 지역의 성소로서 상징성을 지니며 순례지의 종점으로 랜드마크 역할을 해왔다. 순례지를 따라 형성되는 순례길에서 관광객은 단순히 순례 장소와 건물만 보고 가는 것이 아니라 순례지에서의 깨달음을 얻어 갔다. 점점 종교적 공간에 순례자와 관광객이 몰리고 이들을 위한 시설이 더해지면서 종교건축은 규모가 커졌다.

다른 건물을 변용하여 교회로 활용하는 현상도 오랜 세월에 걸쳐 나타났다. 로마의 떼르미니 역 건너편에 위치한 고대 로마의 목욕탕 유적은 미켈란젤로에 의해 산타 마리아 델리 안젤리 성당Santa Maria degli Angeli e dei Martiri으로 변용되어 오늘날까지 사용되고 있다. 반대로 교회가 이슬람 사원인 모스크로 변용되는 경우도 있었다. 1453년 터

키가 콘스탄티노플[1]을 점령한 바로 다음날 무하마드 2세는 동로마의 대표적 랜드마크인 하기아 소피아 성당Hagia Sophia을 대 모스크라고 선언하였다. 이후 대다수 콘스탄티노플의 비잔틴 교회가 모스크로 변용되었다. 그 과정에서 비잔틴의 화려한 모자이크 성화가 아이콘을 거부하는 이슬람 교도에 의해 회벽칠로 덮이는 수모도 겪었다. 터키가 근대화된 이후 회벽칠을 벗겨 모자이크 성화를 복원하여 원래의 모습을 찾기는 했지만, 완벽하지 않은 모습에서 종교와 헤게모니의 변화를 엿볼 수 있다.

—— 1
터키 이스탄불의 옛 이름으로, 동로마 제국의 수도이자 비잔틴 문화의 중심지였다.

롱샹 성당, 새로운 길을 제시하다

20세기 근대건축의 거장 르코르뷔지에[2]가 설계한 롱샹 성당Notre-Dame du Haut, Ronchamp은 독특한 형태로 박스형의 근대건축과는 전혀 다른 모습을 보여준다. 새, 소의 뿔 등 다양한 형태를 연상시키는 아주 특이한 모습의 롱샹 성당은 스위스의 바젤Basel과 인접한 프랑스 동부 벨포르Belfort의 작은 시골마을이 한눈에 내려다보이는 언덕 위에 자리를 잡고 있다.

예로부터 '순례자를 위한 땅'으로 알려진 부르레몽Bourlémont 언덕은 고대 이교시대부터 신앙의 장소였으며, 중세 초기부터는 그리스도교의 성소였다. 4세기에 성모 마리아에게 봉헌하는 성당이 세워지고부터는 기적이 이루어지는 곳으로 널리 알려져 유럽 곳곳에서 몰려드는 수많은 순례자의 발길이 끊이지 않았다.

이후 부르레몽 언덕 위에 지어진 성당은 지리적 특성 때문에 수

—— 2

스위스 출신의 프랑스 건축가 르코르뷔지에는 아름다운 건축물을 많이 남겼을 뿐 아니라 오늘날 현대건축에 적용되는 많은 이론을 만들어낸 건축 이론의 선구자이기도 하다.

01

산타 마리아 델리 안젤리 성당
306년에 세워진 디오클레티아
누스 욕장은 로마 황제의 욕장
중 가장 크고 화려했다. 그중
냉수욕장이 변용된 것이 산타
마리아 델리 안젤리 성당이다.

02

하기아 소피아 성당
터키 이스탄불에 있는 하기아
소피아 성당은 비잔틴 건축의
대표적 걸작으로 손꼽힌다.
현재는 박물관으로 이용되고
있다.

© Arild Vågen

치유와 소생의 가치를 담다

차례 소실과 재건을 반복하였다. 샤를마뉴 대제 이래 독일과 프랑스 간의 전투에서 군사 관측보루로 쓰여 여러 번 피격되기도 했으며, 15세기에 새로 지어진 성당은 1913년 벼락으로 인해 소실되었다고 전해진다. 1936년 네오고딕[3] 양식으로 성당을 재건했으나 1944년 제2차 세계대전 당시 두 달 동안 최전선에 노출되어 폭격으로 다시 소실되었다. 아기 예수를 안은 성모상만이 중세 유물 중 유일하게 남았다.

도미니크 수도회는 성당 재건을 르코르뷔지에에게 맡겼다. 성당의 신축 계획을 수립할 당시 프랑스는 종교 예술이 부활하던 시기로 전쟁으로 파괴된 수많은 성당의 재건과 도시계획 프로그램이 진행되었다. 쿠튀리에(Couturier), 레마메이, 코까낙, 르되르(Ledour) 등의 성직자가 이러한 개혁을 주도하고 종교건축을 건축과 디자인의 현대 개념을 탐구하는 분야로 생각하며 현대 예술가들을 후원하던 때였다.

르코르뷔지에는 사방이 지평선으로 트인 부르레몽 언덕의 매력에 반해 설계 의뢰를 받아들였다. 당시 도미니크 수도회의 설계 조건은 아주 단순했다. 200명을 수용하는 가톨릭 순례 성당으로서 본당 회중석과 세 개의 소예배당을 두고, 1년에 두 번 있는 정기 순례의 날에 1만 명 정도의 인원이 모여 야외 미사를 드릴 수 있는 공간을 확보하고, 유물인 성모상을 보존하는 것이 전부였다. 이만하면 완전한 창작의 자유를 보장해준 셈이었다.

르코르뷔지에는 롱샹 성당을 현실의 대지와 분리된 채 서 있는 이상적인 형태가 아니라 순례길의 정점에 있는 공간으로 생각했고, 성당과 대지의 관계를 중요하게 인식했다. 마을에 진입하여 숲을 거쳐 가파른 길을 오르면 부르레몽 언덕 꼭대기의 평탄한 대지에 이르게 된다. 르코르뷔지에는 이곳에서 아테네의 아크로폴리스 언덕과 어

—— 3
18세기 후반부터 19세기에 유럽에서 유행한 고딕 건축 양식. 혹은 그 양식을 사용한 건축을 가리킨다.

우러진 파르테논 신전의 모습을 떠올렸다. 그는 아크로폴리스를 방문했을 때, 건축이 땅과 하늘에 자연스럽게 연결되어 자연을 표현하고 있다고 느꼈고, 부르레몽 언덕에 이를 구현하고자 했다. 주변 경관을 보면서 언덕을 올라 마침내 정상에 있는 거룩한 곳에 당도했을 때 느껴지는 자연환경과 건축물의 조화가 바로 그것이다. 그는 하느님과 순례자 간의 원초적인 접촉을 위한 공간을 만들고자 자연스런 풍경 속에 어우러지는 건축 형태를 구상했다.

하지만 롱샹 성당이 지어질 당시 지역 신자와 주민 들은 르코르뷔지에의 안을 격렬히 반대했다. 지어지기도 전에 차고, 핵 대피호 또는 콘크리트 덩어리라는 모욕적인 비난이 쏟아졌고 이 때문에 성당 건설을 시작하기까지 무려 3년이라는 시간이 걸렸다. 그들은 새로운 성당을 짓는 대신 옛 성당을 재건하길 바랐다.

하지만 르코르뷔지에는 성당 내부의 성모상을 야외 미사를 하는 외부에서 볼 수 있도록 방향이 돌아갈 수 있게 하고, 제2차 세계대전 때 폭격으로 파괴된 과거 성당의 잔해와 돌을 콘크리트 벽 안에 채워 과거의 기억을 현재까지 불러오는 시도를 하였다. 실제로 두꺼운 남쪽 벽은 폐허의 돌 사이에서 빛이 들어오는 장면을 재현한 것이다. 그래서 단지 과거의 형태를 따르는 것이 아니라 이전까지는 존재하지 않았던 자유로운 구조를 가진 건축을 창조하였다. 이로써 그는 현재를 과거와 연결하여 더욱 특별한 장소성을 부여했다. 르코르뷔지에의 작업은 순례자의 땅이라는 '장소성'의 회복과 '기억'의 전승을 위한 작업이었다.

롱샹 성당을 재건한 지 40여 년이 지난 2006년, 수도회에서는 공간 부족을 극복하기 위해 롱샹 성당 옆에 새로운 방문객 센터와 클라

치유와 소생의 가치를 담다

03

04

03
롱샹 성당
롱샹 성당은 기존 고딕 양식의 그림자로부터 벗어나기 위한 신학자와 건축가의 노력의 결정체이면서, 성당 건축의 새로운 가능성을 열어준 종교적 랜드마크이다.

04
롱샹 성당의 내부 모습

라수녀회의 수녀원The Convent for the Clarisses을 건설하기로 결정하였다. 롱샹 성당을 설계할 때 르코르뷔지에게도 수녀원 건설을 제안했으나 그가 거부하여 구체적인 계획으로 발전하지 못했다. 당시 르코르뷔지에는 상업화된 순례지를 원하지 않았으며, 이곳은 세속과 떨어진 평온하고 신성한 곳이어야 한다고 주장했다.

롱샹 성당의 가치를 떨어뜨리지 않으면서 언덕의 경사 지형에 들어설 방문객 센터와 수녀원 설계는 이탈리아 건축가 렌조 피아노에게 맡겨졌다. 그의 설계에 따라 방문객 센터에는 티켓 부스, 서점, 기념품 가게, 레스토랑, 주차장이 들어오고, 수녀원에는 12명의 수녀들을 위한 방, 채플, 기도실, 작업장, 리셉션 공간, 내부 정원, 방문객을 위한 정신적 치유의 방, 회의실, 사무실 등이 마련되었다. 렌조 피아노는 수녀들이 부르레몽 언덕과 롱샹 성당에 새로운 종교적 에너지를 가져다줄 것이라고 설명했다.

하지만 렌조 피아노의 설계안에 대해 건축계의 반응은 냉정했다. 대표적인 예로 건축 역사가인 윌리엄 커티스(William J. R. Curtis)는 새로 지어진 방문객 센터가 "고요한 순례지를 번잡한 관광지로 만들어 버렸다"라며 강하게 비판했다. 그는 새로운 건물들이 성당으로부터 너무 가까운 곳에 세워져 대지의 용도를 변화시켰고, 언덕에 들어선 매스들이 롱샹 성당의 한 부분과도 같은 부르레몽 언덕의 측면을 절개해버렸으며 배치나 형태가 롱샹 성당과 어울리지 않고 오히려 충돌한다고 하였다. 또한 새로 주차장이 들어서면서 차가 많아져 롱샹 성당으로 오는, 자연을 느껴야 할 길이 파괴되었다고 비판하였다. 그 외의 많은 건축 전문가가 르코르뷔지에의 명작이 온전하게 지켜지지 못한 것에 대해 '끔찍한 재앙'이라고 표현하며 비판의 목소리를 높였다.[4]

—— 4
로랑 살로몽(Lourent Salomon), 알레한드로 라푼지나(Alejandro Lapunzina), 조지프 지오바니니(Joshep Gio-vannini), 알리시아 아주엘라(Alicia Azuela), 테오도로 곤살레스 데 레온(Teodoro González de Leon)은 윌리엄 커티스의 견해를 옹호하며 렌조 피아노의 건축물을 비판하였다.('Dismayed Responses to Renzo Piano's Ronchamp', "THE ARCHITECTURAL REVIEW" 2012. 9. 28)

치유와 소생의 가치를 담다

롱샹 성당의 주변 개발을 둘러싼 논란은 온라인 전쟁으로도 번졌다. 렌조 피아노의 방문객 센터와 수녀원이 유네스코UNESCO의 제한에 따라 역사적 유적 100미터 반경 밖에 위치하고 있음에도 불구하고, 르코르뷔지에 재단은 이에 대해 야만적 계획안이라고 비난하고 나섰으며, 세계 유명 건축가인 시저 펠리, 리처드 마이어(Richard Meier) 그리고 라파엘 모네오를 포함한 1,500여 명의 서명을 받아 저지에 나서기도 했다.

이에 대하여 렌조 피아노 측은 안도 다다오, 마시밀리아노 푹사스(Massimiliano Fuksas), 데이비드 아드자예(David Adjaye), 존 포슨(John Pawson), RIBA의 대표 프랭크 더피(Frank Duffy) 등을 포함한 유명 인사 250명의 서명을 받아 대응에 나섰다. 프로젝트 담당 건축가 폴 빈센트(Paul Vincent)는 이와 같이 온라인에서 벌어지는 상황에 대하여 '반대하는 사람들은 프로젝트 계획안을 보지도 않고 반대하고 있다'라고 이야기했다. 그들은 실제 렌조 피아노의 디자인은 땅속에 일부가 묻혀 있기 때문에 부르레몽 언덕 위에서는 잘 드러나지 않는다고 설명했다. 여전히 롱샹 성당은 언덕 위에 떠 있으며, 주변 자연 경관의 시야는 여전하다는 것이다.

렌조 피아노는 새로이 요구되는 기능을 충족하면서 동시에 언덕과 성당이 가지는 장소성에 최소한의 영향을 주려고 하였다. 렌조 피아노에게 이 프로젝트는 새로운 의미의 '재건'이었다. 허물어진 옛 성당을 다시 일으켜 세우는 본래 의미의 재건이 아니라 시대의 변화에 따라 요구되는 기능을 보충하기 위한 재건이었다. 비록 많은 비판에 시달리기는 했으나 렌조 피아노의 설계안은 도미니크 수도회의 기능적 요구를 충족함과 동시에 수차례 성당의 소실과 재건을 반복해

클라라수녀회 수녀원
렌조 피아노가 설계한 클라라수
녀회 수녀원은 경사 지형에 묻
혀 있어 겉으로는 거의 보이지
않는데도 고요한 대지의 느낌을
훼손했다는 비판을 받는다.

치유와 소생의 가치를 담다

온 순례자의 땅, 부르레몽 언덕의 장소성을 보존하는 최선의 답이었다. 완공된 수녀원 건물에서 볼 수 있듯이 그는 성당의 시선을 최대한 가리지 않으려 노력함으로써 롱샹 성당에 대한 오마주를 표했다. 그런데도 이 새로운 시설에 대한 의견은 대립하고 있다. 누가 옳고 그른지 지금은 알 수 없지만, 장소의 변화에는 항상 찬반 의견이 따르기 마련이다. 다만 한 가지 확실한 것은 주변에 상업적인 시설이 들어선 것이 아니기 때문에 방문객과 순례자를 위해서 보다 좋은 지원이 가능할 것이란 점이다. 일반인에게 비교적 알려지지 않은 롱샹 성당은 변용을 통해 건축가뿐만 아니라 전 세계 순례자들이 방문하고픈 장소가 되고 있다.

가우디가 만든 '가우디적인' 명소

전 세계에서 가장 유명한 성당은 바르셀로나의 성가족 성당일 것이다. 성가족 성당은 평생 바르셀로나를 떠나본 적이 없는 건축가 안토니 가우디[5]가 지었다고 알려져 있지만, 사실 그는 설계를 끝내지 못하고 불의의 죽음을 맞았다. 그가 작업하던 모형 등을 보며 후대 건축가들이 추측을 통해 완성해나가고 있다.

성가족 성당은 스페인 바르셀로나에서 건축물 이상의 의미를 가진다. 실제로 매년 200만 명 이상의 관광객이 다녀가는 곳으로 집계되는 성가족 성당은 바르셀로나 전체의 이미지를 담당하고 있다고 해도 과언이 아니다. 영국 일간지 《텔레그래프Telegraph》의 기사(2012. 8. 22)에 의하면, 성가족 성당의 경제적 가치는 710억 파운드, 우리 돈으

—— 5

스페인을 대표하는 천재 건축가 안토니오 가우디는 바르셀로나를 중심으로 독특한 건축물을 많이 남겼다. 그의 건축물은 주로 자연물의 곡선을 닮은 아르누보 스타일을 추구하며, 섬세하고 강렬한 색상의 장식이 주를 이룬다.

—— 6

텔레그래프가 인용한 이탈리아 몬차·브리안차 상공회의소의 2012년 연구 결과에 따른 순위와 경제적 가치는 다음과 같다.

1위 에펠탑 3,430억 파운드
2위 콜로세움 720억 파운드
3위 성가족 성당 710억 파운드
4위 두오모 성당 650억 파운드
5위 런던탑 560억 파운드
6위 프라도미술관 460억 파운드
7위 스톤헨지 83억 파운드

로 환산하면 약 120조가 넘어 유럽의 기념물 및 유적 순위로는 에펠탑과 콜로세움에 이어 3위에 해당한다고 한다.[6]

성가족 성당은 예수, 마리아, 요셉으로 이루어진 성가정과 인간의 구원과 속죄를 위해 희생한 예수를 기념하며 지은 상징적 성당이다. 1883년 당시 31세이던 가우디가 설계와 건설에 참여하였는데, 건축가 선정에 재미있는 이야기가 있다. 건축가를 뽑을 때 3명의 후보가 있었는데, 면접을 보기 전 면접관의 꿈에 신이 나타나 어떤 사람을 추천해주었다고 한다. 다음날 가우디가 면접을 보러 왔고, 그 면접관은 자신의 꿈에서 본 사람이 바로 가우디였음을 알아채고 가우디를 건축가로 지목했다고 한다. 가우디는 그 후 43년간 이 성당 건축에 온 힘을 쏟았고, 실제로 공사장과 집만 오고갔다고 한다. 1926년 전차 사고로 생을 마감한 가우디는 로마 교황청의 배려로 자신이 평생을 바쳐 짓던 성가족 성당의 지하 무덤에 묻혔다.

가우디의 작품은 굉장히 독창적이다. 가우디에게 '독창성'이란 근원으로 돌아가는 것, 즉 '자연'으로 돌아가는 것을 의미했다. 성가족 성당 역시 그 시작은 자연의 모습이다. 몬세라트 산의 모습을 보고 영감을 얻었으며, 첨탑은 옥수수를 닮았고, 각종 조형물도 카탈루냐 Cataluña 지방의 식물과 과일을 닮았다. 실내 역시 가우디가 원했던 '숲의 품처럼 모두에게 열린 기도의 공간'으로 만들고자 했다. 하늘 높이 뻗은 나무 사이로 빛이 새어 들어오는 것을 모티브로 예배 공간을 만들었다.

가우디가 직접 설계하고 공사한 부분은 전체의 4분의 1에 해당하는 네 개의 첨탑과 동쪽의 예수 탄생 파사드, 지하실 그리고 지하 예배당에 불과하다. 그 후 가우디의 뒤를 이어 후대 건축가, 조각가에 의해 공사가 진행되고 있다. 하지만 1936년 일어난 스페인 내전을 거치면서 가우디의 그림, 도면, 석고 모델 등 자료가 거의 대부분 사라졌다. 정확한 설계 도면 하나 없이 가우디를 따라가기란 사실 굉장히 어려운 작업이지만 일부 남은 모형을 토대로 때로는 복원, 때로는 재해석하며 후대 건축가들은 가우디의 뒤를 따르고 있다. 최근에는 3D 프로그램과 같은 컴퓨터 기술의 도움도 받고 있으나 성가족 성당의 공사는 여전히 더디게 진행되고 있다.

공사를 시작한 지 130년이 되었지만 불과 몇 년 전인 2010년 교황 베네딕트 16세가 방문하기 전까지도 진행 상황은 미진했다. 그러나 교황의 성가족 성당 방문에 맞춰 엄청난 속도로 미완성이던 내부를 완성했다. 만약 그때 당시의 속도로 공사했다면 성가족 성당은 60년 이내에 완성될 수 있었다고 한다. 성가족 성당의 공사 진행이 더딘 이유는 순수 관광 수익만으로 짓기 때문이다. 1976년까지 성가족 성당은 자발적인 기부금에 의해 공사가 진행되었으며, 이후 급증한 관광 수익으로 그나마 조금 더 박차를 가할 수 있게 되었다. 현재 성가족 성당은 가우디가 죽은 지 100주년이 되는 2026년 완공을 목표로 하고 있다.

최근 많은 건축 전문가가 성가족 성당이 가우디의 의도대로 제대로 지어지고 있는지 의문을 가지고 있다. 재료나 세세한 부분에서 점점 가우디의 손길을 찾기 힘들다는 것이다. 성가족 성당의 완성된 입면을 비교해보면 이러한 논란이 나온 이유를 알 수 있다.

성가족 성당은 북쪽을 제외하고 동, 서, 남쪽으로 총 세 개의 입면이 있는데 이 입면들은 성경의 내용을 상징하는 이미지를 담고 있다. 가우디는 예수의 탄생, 수난, 영광을 주제로 세 입면을 설계하였고, 현재 탄생의 파사드와 수난의 파사드가 완성되었으며 영광의 파사드는 만드는 중이다. 완성된 파사드 중 동쪽의 탄생의 파사드는 가우디가 생전에 거의 완성한 파사드이다. 가우디는 사람들이 이를 보고 자신의 삶을 비추어보길 원했기 때문에 수많은 인물의 기쁨과 슬픔, 고통과 환희, 선과 악 등 삶의 다양한 부분들을 표정으로 생생하게 표현하였다. 자신이 직접 조각하기도 하며 심혈을 기울였다.

가우디가 만든 탄생의 파사드가 사실적이고 섬세한 조각이었다면, 최근에 만들어진 수난의 파사드는 다소 파격적이고 추상적이다. 탄생의 파사드가 자연적이고 곡선적인 형태라면 수난의 파사드는 직선적인 느낌이 강하다. 담당 건축가 수비락스(Josep Maria Subirachs)는 가우디의 뒤를 따르면서도 자신만의 스타일로 수난의 파사드를 설계하여, 전통적 방식의 섬세한 묘사 대신 단순하고, 함축적이고 현대적인 방식으로 예수의 수난을 표현하였다. 그 때문에 많은 사람이 가우디의 디자인을 철저하게 고증해서 공사를 진행해야 한다고 주장하며 완공에 반대하기까지 한다.

아마 가우디에게 빠른 완공은 중요하지 않았을지도 모른다. 가우디에게는 완벽에 도달하려는 노력, 즉 성가족 성당이 완성되어 가는 과정 자체가 결국 신에게 가까워지는 과정이었다. 오히려 가우디는 죽기 전에 완성하지 못할 것임을, 그리고 처음 설계한 대로 완벽하게 건설되지 않을 것임을 예상하고 있었을 것이다. 변화가 있을 것으로 생각하고 후대 건축가들의 몫을 남겨둔, 열린 디자인을 한 것이었다. 그리하여 현재 후대 건축가, 조각가 들은 가우디가 남겨둔 기본적인 디자인의 의도와 법칙을 최대한 지키면서 자기만의 창의성을 토대로 재창조 중이다. 즉 성가족 성당은 가우디에서 후대 건축가로 세대

© Canaan

성가족 성당
성가족 성당에서 가우디가 직접 설계하고 공사한 부분은 1/4에 불과하며, 2026년 완공을 목표로 아직도 공사가 진행 중이다. 가우디의 독특한 동쪽 입면과는 다르게 수비락스의 서쪽 입면은 현대적이다.

© Canaan

를 거듭하며 완성해가는 과정에 그 의미가 있다고 할 수 있다.

성가족 성당에서 나타나는 변용은 가우디와 후대 건축가 사이의 '약속된 변용'이다. 이 변용은 건축물 그 자체이다. 1882년 첫 초석을 다진 이래 130년의 세월이 흘러 한쪽에서는 새로운 건물이 세워지고, 다른 한쪽에서는 백 년이 넘은 세월에 허물어지는 부분이 생긴다. 세월에 검게 풍화된 부분과 새로 지어진 흰 부분의 묘한 대조가 일어난다. 이것이 가우디가 꿈꾸던 과거, 현재, 미래를 향해가는 성가족 성당의 모습이다.

종교건축과 도시의 프로파일

아미앵 대성당과 보베 대성당은 고딕성당의 높이 경쟁을 보여주었다.

13세기 초 프랑스의 아미앵 시와 보베 시는 서로 높은 고딕성당을 만들기 위해 경쟁하였다. 당시에는 도시의 프로파일이 높은 종교건축물에 의해 만들어지던 시대였다. 둘의 경쟁은 지금의 초고층 건물 높이 경쟁과 비슷한 양상이었다. 아미앵 대성당Amiens Cathedral은 1220년에 착공하여 높이 43미터, 길이 145미터의 엄청난 규모로 지어졌다. 이에 뒤질세라, 보베 대성당Beauvais Cathedral은 1225년에 착공하여 1272년에 48미터 높이의 유럽에서 제일 높은 성당을 지었으나, 1284년에 붕괴되어 고딕성당의 높이에 대한 욕망이 얼마나 헛된 것인지 보여주었다.

현재는 어떠한가? 경제활동을 위한 높은 사무용 빌딩과 고밀도 주거 등이 도시의 프로파일을 만들고 있는 시점에서 도심의 값비싼 땅에 있는 교회는 점점 커지고 높아지고 있다. 엄청난 규모 때문에 사회적으로 지탄받는 경우마저 생기고 있다. 서양과 달리 우리에게는 교회가 그렇게 크고 높아본 적이 없기 때문이다.

사회적 지탄에도 불구하고 당분간 서울, 지방 할 것 없이 교회의 대형화는 지속될 듯하다. 그러나 현대사회에서 종교는 예전과는 달리 국가 운영과 경제의 주도권에서 멀어져 있는 것이 사실이다. 그러므로 사회에서 차지하는 종교의 적절한 역할과 위상에 걸맞은 교회 건물의 프로파일을 찾아야 할 것이다. 그래야 위압적인 형태의 종교 건물에서 벗어날 수 있지 않을까.

공유의
장이
되다

New York

HIGH LINE VS. CHEONGGYECHEON

뉴욕의 하이라인 vs. 서울의 청계천

재생과 철거의 갈림길

Seoul

하이라인과 청계천 프로파일

뉴욕과 필라델피아에는 도시 위를 지나가는 화물 열차길이 있다. 미국의 화물 열차는 한국과 달리 매우 길어서 도시의 찻길에서 화물 열차가 지나가는 것을 만나면 최소 15분 이상은 기다려야 했다. 화물이 도시를 통과하니 도시 곳곳에 화물 터미널도 지어졌다. 그러나 항공 수송이 활성화되면서 도시를 관통하는 화물 열차는 사라졌고 열차길은 대부분 폐선되었다. 도시를 가로지르는 흉물스러운 폐선을 철거하자는 의견이 있었지만 많은 비용이 들었다. 폐선은 골칫거리였다. 그러나 뉴욕의 상공을 가로지르는 골칫거리였던 하이라인High Line은 이제 뉴욕의 번잡함을 잊게 해주는 공원이 되었다.

　　서울의 교통 혼잡을 해소하고 이동 시간을 단축하기 위해 세워진 청계고가로는 그 수명을 다한 채 청계천 물길 위에 불안하게 서 있었다. 낡은 고가도로의 활용을 두고 여러 의견이 나왔지만 청계고가로는 결국 일부 교각만 남기고 역사 속으로 사라졌다. 그리고 근대화 이전의 물길을 인공적으로 복원하여 지금의 청계천이 되었다.

　　두 경우 모두 번잡한 도시에 새로운 공간을 조성하며 시민들의 사랑을 받았지만, 그 출발은 전혀 다르다. 하나는 산업 유산의 재생이고, 다른 하나는 산업 유산의 철거를 통해 근대 이전의 모습을 인공적으로 복원한 것이다. 현재의 사용자적 관점에서 본다면 두 프로젝트 모두 훌륭하다. 그러나 속내를 들여다보면 완전히 다르다.

시민이 재생한 하이라인 vs. 정부가 복원한 청계천

하이라인은 1930년대 뉴욕을 위한 화물 수송 열차노선이었으나 비행기가 이를 대체하면서 제 기능을 상실하였다. 1990년대 말 버려진 하이라인을 철거하는 계획이 승인을 받았지만, 비영리단체 '하이라인 친구들Friends of the High Line'에 의해서 보존, 재생하는 방향으로 계획이 수정되었다.

청계천은 본래 서울의 한복판인 종로구와 중구의 경계를 동서로 가로질러 흐르는 하천으로, 서울 분지의 모든 물이 이곳에 모여 한강으로 흘렀다. 하지만 일제강점기 때 일부가 복개되기 시작하였고, 도심 교통량 증가에 따라 1978년까지 계속적인 복개가 이루어졌다. 그리고 1967~76년에는 이 복개도로 위에 청계고가로가 건설되었다. 하지만 2000년대에 들어서 노후화된 고가도로의 안정성 문제가 대두되었고 결국 철거하기에 이르렀다.

하이라인은 뉴욕 시민이 초기 계획 단계에서부터 참여한 풀뿌리 공공 프로젝트라고 할 수 있다. 반면 청계천은 서울시 청계천 복원 추진본부가 개발 주체로 사업을 진행하면서 시민의 의견은 단순 참고한 하향식 공공 프로젝트라고 할 수 있다. 이러한 방식의 차이는 여러 가지 다른 결과를 초래하였다. '하이라인 친구들'은 하이라인이 공공 공간으로서 어떤 잠재력을 지니고 있는지 시각적으로 보여주면서 여기에 참신한 아이디어를 담기 위해 아이디어 설계공모전을 개최하였다. 공모전에는 자하 하디드와 같은 세계적인 건축가 외에도 36개국에서 720개 팀이 설계안을 제출했고, '필드 오퍼레이션스Field Operations'와 '딜러 스코피디오와 렌프로Diller Scofidio + Renfro'의 협력팀이 당선되었다.

공유의 장이 되다

'하이라인 친구들'은 진행 과정에서 후보작들을 지속적으로 대중에게 홍보하여 일반 시민의 참여를 적극 유도하고 의견을 수렴하였다. 이들은 공간과 형태를 먼저 만들고 나중에 사용 콘텐츠를 끼워 맞추는 것이 아니라, 우선 지역에서 원하는 콘텐츠가 무엇인지를 찾았다.

반면 청계천은 서울특별시의 주관 하에 청계천 복원 기본 계획이 수립되었으며, 빠른 시일 내에 복원 공사를 마치기 위해 공사구역을 세 개로 나누어 각 공구를 설계시공 일괄입찰 방식으로 발주하였다. 교각 부분의 설계안 또한 설계업체가 각각 다르다. 분할해서 제각각 설계하다보니 조율과 통합이 어려워지고 역사성을 복원하고 문화재를 보호하기가 쉽지 않아 많은 문제가 발생했다. 결과적으로 현재 청계천은 디자인적으로 통일성이 많이 결여된 상태로 남았다.

두 프로젝트의 진행 방식의 차이는 앞서 설명했듯이 서로 다른 결과를 가져왔다. 하이라인은 디자인을 공모하고 이를 지속적으로 시민에게 공개함으로써 시민들이 하이라인의 다양한 미래상을 간접적으로 확인하고 새로운 의견을 제시할 수 있었다. 이런 참여 과정은 시민들이 하이라인 프로젝트를 좋아하게 만든 원동력이었다. 그 반대로 설계시공 일괄입찰 방식으로 진행된 청계천 복원사업은 개발 주체 입장에서 가장 빨리 효율적으로 진행할 수 있는 방식을 이용한 것이고, 이 과정에서 시민의 의견보다는 관청의 의견이 더 반영되었다.

하이라인의 경우, 폐선로를 철거하고 개발하여 이익을 취하려는 부동산 소유자들을 시민단체가 나서 지속적으로 설득하였고, 뉴욕 시에서 이를 적극적으로 지원하였다. 하이라인이 지나가는 부분의 토지 소유자들에게 기존 소유지를 뉴욕 시에 반납하는 대신 뉴욕 내 같은 구역의 다른 지역을 주는 보상 시스템을 적용했다.

청계천 복원의 경우, 기존 청계고가로 주변의 영세 가게가 충분한 합의와 동의 없이 일방적으로 송파구 장지동 가든파이브 복합 상업 시설로 이주하게 되었고, 사전에 충분한 연구 조사가 이루어지지 않은 상태에서 진행된 가든파이브는 저조한 수익률이라는 또 다른 피해를 초래했다. 이는 행정기관에서 일괄적으로 일을 처리하는 하향식 방식의 고질적인 문제점이다.

지금 청계고가로가 있다면 어떨까?

뉴욕 하이라인은 기존 철로를 활용하여 재생적 공간을 창출해냈다. 이와 반대로, 청계천 복원 사업은 기존 고가도로를 폐기하고 새로운 공간으로 대체하였다. 기존 수로 복원이 쉽지 않아서, 완전히 인공적으로 수로를 조성하여 도심 하천을 창조했다.

만약에 청계고가로가 일부나마 아직 있다면 어떤 도시 환경을 만들 수 있을까? 청계고가로가 있다면 공간 활용이란 측면에서 세 개의 층위가 생겨 다양한 시각적 체험을 제공할 수 있을 뿐만 아니라, 청계천과 복개된 도로 그리고 청계고가로 세 개의 요소가 어우러져 과거·근대·현재의 느낌을 시민들에게 선물할 수 있었을 것이다. 복원된 청계천의 단조로운 풍경과 조망을 보면, 다양한 디자인 요소와 역사적 의미를 부여할 수 있었던 가능성이 더욱 아쉽게 느껴진다.

20여 년간 고립되어 있던 하이라인은 현상설계공모전 당시 자체적으로 적응해온 다양한 식물군으로 뒤덮여 있었다. 건축가 딜러 스코피디오는 방치된 동안 상부에 형성된 풀무더기조차 자연이 만든 의

하이라인의 재생적 자연
뉴욕 하이라인은 기존 철로를
활용하여 재생적 공간을 창출
해냈다.

뉴욕의 하이라인 vs. 서울의 청계천, 재생과 철거의 갈림길미 있는 완성된 생태계로 보고 이를 보존하였다. 그들은 어그리텍처 Agri-tecture라는 새로운 개념을 도입하고 거기에 맞는 시스템을 제안했다. 어그리텍처는 농업Agriculture과 건축Architecture의 합성어로 조경과 건축이 융합되어 자연과 유사한 공간을 구성하는 것을 지칭한다.

청계천 복원사업 역시 친환경적이고 지속 가능한 개발이라는 관점에서 볼 수 있다. 시멘트에 묻힌 자연 하천을 다시 살려낸 것만으로도 친환경적이라고 할 수 있다. 하지만 친환경적이지 못한 부분 역시 존재한다. 청계천은 평상시에는 물이 많지 않은 건천이다. 하지만 서울시는 말라버린 청계천을 살려 자연 조건에 상관없이 평균 50센티미터 높이의 물이 흐르게 한다는 계획을 세웠다. 그리고 여기에 필요한 일일 하천수를 대략 9만 8,700톤으로 구상하고 유지 용수의 72퍼센트는 한강수를, 28퍼센트는 인근 지하수를 활용한다는 계획을 세웠다.

이런 방식의 유지 용수 확보는 장기적인 차원에서 친환경적이지 않다. 친환경적이고 지속 가능한 용수 공급은 하천과 그 유역이 자연 순환 체계를 회복하도록 하는 차원에서 이루어져야 한다. 청계천은 태평로 부근에서 폭포처럼 쏟아져 나오는 물줄기에서 시작하는데, 이는 청계천의 시원인 백운동 계곡의 물이 아니라 청계천 하류의 중랑 하수처리장 또는 자양 하수처리장에서 종말 처리된 한강수 6만 3,200톤이 파이프를 타고 역류하여 다시 태평로에 쏟아져 나오는 것이다. 여기에 청계천 주변의 지하철역인 경복궁역, 광화문역, 종로 3가역, 종로 4가역, 을지로 4가역, 충무로역에서 나오는 지하수가 차례로 청계천에 흘려 보내지며, 동대문 근처에서 다시 한강물 8,500톤이 추가로 공급된다. 이후 동대문역, 동대문역사문화공원역, 동묘역, 신설동역, 보문동역, 고대역, 그리고 길음역에서 나온 지하수가 다시 청계천

공유의 장이 되다

으로 흘러 들어가 유수를 이룬다.

　　하류의 물을 인위적으로 상류로 끌어올려 흐르게 하는 인공 하천의 방식은 서울시가 목표로 한 친환경적 하천 복원이 아니다. 하류의 물을 도심까지 끌어오는 데 드는 비용을 고려할 때도 이는 지속 가능한 유수 확보 방법이 아니다. 또한 도시의 지하수는 도시의 오염으로 인해 단기간 내에는 자연적으로 정화되지 못한다. 정화되지 않은 지하수를 하천으로 끌어올려 흐르게 하면 수생식물이 단계적으로 정화하기 전까지는 오히려 하수 종말처리장에서 처리된 한강수를 오염시키는 오염원이 될 수 있다. 말라버린 백운동 계곡의 물길 때문에 온전한 양의 물을 확보할 뚜렷한 대책도 없다. 청계천은 당분간 이렇게

청계천의 인공적 자연
청계천은 시멘트에 묻힌 자연 하천을 복원하였으나, 진행 및 유지 과정에 친환경적이지 않은 요소가 많다.

01, 02
하이라인의 추상적 궤적
하이라인의 동선 디자인은 단
순히 하이라인을 따라가지 않
는다. 느리고 산만한 궤적을
그린다.

03
청계천의 직선적 궤적
청계천의 동선 디자인은 직선
적 궤적으로 이루어진 선형적
체계이다.

지속되며, 다양한 이벤트를 열어 밤낮으로 사람들이 일상의 여유를 즐기도록 유지될 것 같다.

일관된 형식에서의 변형 vs. 지나친 다양함의 조합

뉴욕 하이라인의 동선 디자인은 단순히 하이라인을 따르는 것이 아니라 넓은 폭을 이용하여 디자인한 궤적을 따른다. 하이라인은 무목적 배회동선을 고려하여 구불구불한 보행로를 만들어 자칫 단순하고 선형적일 수 있는 공원에 느리고 산만한 궤적을 추가하였다. 하이라인은 부단히 방향을 바꾸는 사람들의 동선으로 우연한 마주침과 우발적 이벤트를 유발한다. 동선 디자인 외에 가로형 랜드마크에 들어가는 시설물도 다양한 모습으로 디자인했다. 하이라인 공원 바닥에 들어간 콘크리트 부재를 벤치 디자인에 활용하기도 하였으며, 화단, 테이블 등도 조금씩 변화를 주어 디자인하였다.

하이라인은 건물과 바로 접해 있는 철로에 형성한 공원이기 때문에 건물과의 관계가 직접적이다. 그래서 하이라인은 주변 건물과의 접점에서 공공 공간을 만들어낸다. 하이라인에 붙어 있는 건물이 하이라인의 높이와 같은 층의 출입구를 하이라인 쪽으로 두어 다목적으로 사용할 수 있는 가능성을 부여한 것이다.

반면 청계천은 직선적 궤적으로 동선이 이루어진다. 정해진 경로를 따라 경치를 감상하며 산책하도록 되어 있다. 즉 한 점에서 시작하여 다른 한 점으로 이어지는 선형적인 동선 체계이다. 그러다보니 보행자에게 획일적인 경관만을 제공해서 쉽게 지루해질 수 있다. 지하

04 05 06 07

와 지상을 통하여 보다 많은 통로와 시설이 연계되면 선적인 지루함
은 다소 개선될 것이다.

선적인 지루함에도 불구하고 청계천에 설치되어 있는 다리, 벤치
등은 모두 제각각이다. 청계천의 22개 다리에는 22개의 서로 다른 디
자인이 적용되었다고 한다. 이 디자인들은 저마다의 특색을 주장하며
이웃하는 다리와의 조화를 고려하지 않는 것처럼 보인다. 전통적인
문살이나 성곽 등에서 일부를 인용한 디자인에서부터 미래로의 도약
을 상징하는 현대적이며 추상적인 조형에 이르기까지 여러 형식이 마
구 뒤섞여 있다. 이러한 제각각의 디자인은 각자의 개성을 드러내지
만, 인접 다리와의 시각적 충돌을 일으켜 다소 혼란스러운 이미지를
만든다.

또한 청계천의 경우 건물과 연결되는 곳이 지하층이어서 시각적
인 연결 효과가 부족한 편이다. 땅의 높이보다 낮은 곳에 형성되어 있
어 원거리보다는 근거리에서 아래로 내려다봐야 제대로 인식할 수 있
으며, 주변 환경보다 아래에 있기 때문에 청계천에서의 시야는 물길
을 따라서 위쪽으로만 열린다.

　　　　　공유의 장이 되다

가로형 랜드마크의 효과

가로형 랜드마크의 가장 큰 특징이자 하이라인과 청계천의 가장 큰 공통점은 다양한 활동이 발생할 가능성이 있다는 것이다. 개개 건물로 존재하는 랜드마크는 그 범위가 한정되어 있고 외부와 내부가 확실하게 구분되어 있기 때문에 활동의 다양성을 이끌어내는 데 한계가 있다. 이에 비해 가로형 랜드마크는 다양한 활동을 담아내기에 적절한 스케일을 확보하고 있다. 실제로 하이라인 중간중간에는 도시 구조물을 이용한 설치미술이 전시되어 있으며, 하이라인 단체 내에서 진행하는 교육 프로그램, 음식 프로그램, 마켓이 열리기도 한다. 소규모의 행사가 모여 풍부한 공간을 만드는 것이다. 청계천도 등불축제 등 테마가 있는 이벤트를 열어 많은 사람의 방문을 유도한다.

버려진 폐선 철로와 도축장만 있던 장소는 하이라인의 탄생으로 뉴욕에서 가장 비싼 부동산이 됐다. 프랭크 게리, 장 누벨, 반 시게루(Ban Shigeru), 렌조 피아노 등이 설계한 건물이 들어선 하이라인 주변 동네는 뉴욕에서 가장 영향력 있는 문화 아이콘 중 하나가 된 것이다.

08 09 10 11

한 조사에 의하면 2003년에서 2011년 사이에 하이라인 공원 주변 부동산 가치가 103퍼센트 상승하였다고 한다.

청계천 복원공사도 이와 비슷한 효과를 얻었다. 서울시 통계에 따르면, 복원사업 발표 이후 청계천 주변 지역의 토지 거래가 크게 늘었고, 이는 도심부 토지 거래에 반영되었다. 복원공사 전후의 건축 행위량에 대한 조사에서도 청계천 복원공사 완료 시기인 2005년 이후로 청계천이 면해 있는 블록들에서 건축 행위가 급격히 증가한 것으로 밝혀졌다. 이는 청계천이 도심 휴게 공간, 관광지로 성격이 변화하면서 기존의 상업시설이 위치한 관철동과 관수동 일부 지역의 기능적, 위치적 특성이 변한 데 따른 결과로 판단된다.

하이라인이 명성을 얻으면서 많은 사람이 첼시Chelsea 지역을 방문하였다. 이렇게 사람들이 밤낮으로 방문하면서 범죄율이 높았던 이 지역은 공원 내에서는 범죄가 단 한 번도 일어나지 않을 정도로 달라졌다고 한다. 하지만 이 지역에 사는 주민들은 불편을 호소한다. 자신의 거주지 또는 일터에 사람들이 붐비자 불편함을 느낀 것이다. 기사에 따르면 최근 누군가가 '하이라인 여행자들 보세요. 여기는 타임스

08~11
하이라인

스퀘어가 아닙니다. 여기는 관광명소가 아닙니다'라는 글을 하이라인에 붙여놓았을 정도로 그 지역 주민에게는 하이라인 개발이 단점으로 다가오기도 한다.

청계천 복원 후, 공적 공간의 물리적 환경이 개선되면서 다양한 활동이 늘어났다. 청계천 복원 전에는 외부와 차단된 건축물의 입면, 노후화된 건축물, 넓은 차도와 고가도로로 인해 가로 환경이 좋지 않았으며 이에 따라 공공적 공간이 생성될 수 없었고 기존의 공공적 공간도 물리적 환경이 좋지 않았다. 그래서 업무나 볼일이 있어 건축물을 이용하는 사람이 아니라 분위기가 좋아서 산책을 하거나 여가 활동으로 이곳을 찾는 사람은 드물었다. 그러나 청계천 복원 후 외부와 차단된 건축물의 입면이 개방형 구조로 바뀌고 간판이 정비되고 다양한 업종이 들어서면서 공공 공간도 개선되거나 새로이 생성되었다. 또한 가로 시설물이 정비되고 벤치가 설치되는 등 물리적 환경도 개선되었다. 이러한 변화 덕에 많은 사람이 여가 활동을 즐기기 위해 청계천을 방문한다.

청계천
복원된 청계천은 시민의 새로운 생활 공간으로 거듭났다.

대규모 공공 프로젝트 진행에 있어서 시민이 직접 참여하고 의사를 결정하는 과정은 시민이 직접 즐길 수 있는 공간을 만들기 위해 꼭 필요하다는 사실을 하이라인을 통해 확인할 수 있다. 시민들의 참여로 하이라인 상부에서 이용할 수 있는 카페, 음식점이 생겨났고, 하이라인 하부에서도 푸드마켓과 같은 각종 프로그램이 운용되고 있다.

청계천 복원사업 역시 청계천 자체가 지반면보다 낮게 흐른다는 점을 이용하여 각종 식생과 인공폭포, 각종 프로그램 등을 도입하여 청계천을 활성화하였다. 청계천이 활성화되면서 주변 가로도 보행자를 위해 만들어지고 청계천을 매개 공간으로 삼아 도시 조직과 연계되었다. 이처럼 재생적 가로형 랜드마크는 시민들이 도시에서 여유를 즐길 수 있어야 하고, 주변 도시 조직과도 연계가 잘 돼야 제대로 기능할 수 있다.

열린 랜드마크란 잘 만들어진 길이다. 자동차에게 내주었던 길을 되찾으면서 한 지역의 문화가 재생되고 새롭게 탄생하고 있다. 여기저기서 마을 만들기 프로젝트가 성행하고 지역주민들이 참여하여 담장을 허물고 쾌적한 골목길을 만들고 있다. 때로는 건축가의 도시설계나 디자인이 필요치 않은 경우도 많다. 적정 규모의 뜻을 같이한 사람들이 협동조합을 만들어 운영하기도 한다. 전통적인 랜드마크는 그 높이도 이정표 역할을 하였지만, 앞으로는 길 자체가 랜드마크가 될 수 있다. 다수가 공유하는 열린 랜드마크가 있는 도시가 곧 문화적으로 지속 가능한 도시가 될 것이다.

공유의 장이 되다

SMALL
LANDMARK

초소형 랜드마크,
21세기 랜드마크의 진화

초소형 랜드마크 프로파일

21세기에 접어들어 가변성, 탈장소성, 일시성을 지닌 유동적인 형태의 랜드마크가 출현했다. 움직이는 랜드마크들은 주변 상황의 우연성, 참여적 특성에 의해 결합하거나 변형되면서 인간의 행위를 유발한다. 이들은 랜드아트, 설치미술, 미디어아트 같은 예술적 형태가 공간을 점유한 이벤트성 랜드마크이다.

　　이벤트성 랜드마크의 대표적 특성은 이동성이다. 예술에서 이동성의 역사를 살펴보면 흥미로운 변화를 발견할 수 있다. 원래 예술품은 건물이나 한 자리에 고정되어 있었다. 그러다가 르네상스 시대에 특정 작품들을 전시할 수 있는 미술관이라는 맞춤 공간이 탄생하였고, 사람들은 전시 작품을 관람하기 위해 그 공간을 찾곤 했다. 그러나 현대 사회에 들어오면서 전시를 하기 위해 만들어진 예술품이 그 공간을 벗어난 곳에 전시됨으로써 가변적이고 이동적인 예술 형태가 등장하였다.

　　미술관 문화를 혐오했던 예술가 마르셀 뒤샹(Henri Robert Marcel Duchamp, 1887~1968)은 자신이 창작한 예술품들을 미니어처로 제작해 서류가방에 넣고는 '여행용 가방La Boite en Valise'이라 이름 붙였다. 가방 자체가 새로운 개념의 미술작품이자 휴대용 미술관이었다. 이는 작품이 미술관 안에만 있어야 한다는 고정 관념을 거부한 것이다.

　　건축도 설치미술같이 가변적일 수 있을까? 거기에 설치건축Installation Architecture이라고 이름 붙여보는 건 어떨까?

랜드아트 마크(Land Art-Mark)

랜드아트Land Art는 기존의 미술관 위주 그리고 작품 중심의 미술에 대한 반발로서 풍경, 대지, 지구 그 자체를 예술의 표현 매체로 강조한다. 랜드아트 작가들은 바위, 토지, 잔디, 눈과 같은 자연을 재료 삼아 작품을 만들고, 보통 일정 기간이 지나면 작품을 철거한다. 설치물이 대자연 속에서 최초의 모습을 유지하기 어려운 까닭이기도 하다. 그러므로 랜드아트 작가들은 대지의 풍경과 초자연적 요소를 수용하고 자연과 예술, 대중, 나아가 이들 모두에 얽힌 사회적·환경적 요소들을 작품 속에서 관련짓는다. 이렇게 설치된 작품은 랜드마크로 인식된다.

1960년대 도날드 저드(Donald Judd, 1928~1994), 마이클 하이저(Michael Heizer), 로버트 스미드슨(Robert Smithson, 1938~1973) 같은 설치미술가들은 미술관의 전시 문화와 큐레이터의 입김에 의한 작품 선택에 반기를 들며 과감히 랜드아트를 시도하였다. 이들은 자연과의 관계를 고려하여 작품을 구상하고 설치하였다. 자연 속에 자리 잡은 랜드아트는 자연의 소중함을 일깨워 환경미술이라고도 불렸다. 자연의 일부로 표현된 작품들은 '영원히 남을 예술'이 아닌 '풍화와 침식 속에 사라질 예술'이 되어 작품이라는 형태 자체를 불필요하게 만들었다. 이를 건축적 시각으로 보면 자연이라는 캔버스 안에서 도드라지는 일시적이고 가변적인 구조물이라 할 수 있다.

포장미술가로 알려진 불가리아 출신의 미국 설치미술가 크리스토와 쟌 클로드 부부(Christo and Jeanne-Claude)는 대자연이나 공공건축물을 천으로 뒤덮어 표현하는 예술을 선보였다. 이들은 자연이나 도시 경관을 새로운 시각으로 조명하고 주의를 환기시켜 대상의 실체를 반추하게 만든다. 빌딩뿐 아니라 탁 트인 자연까지 포함해 거대한 규모의 작품을 구상하고 시도하기 때문에 준비 과정에만 몇 년씩 소요되곤 한다. 그에 비해 작품 설치 기간은 한시적이며 작품은 영구 보존이 불가능하다. 그들에게 이렇게 돈과 인력과 시간을 들여 만든 작품을 왜 2주 만에 철거하느냐고 물었더니, 어린 시절의 추억처럼 아무리 소중한 것도 영원할 수 없는 것 아니냐고 반문했다고 한다.

그들이 1983년에 선보인 '둘러싸인 섬Surrounded Islands'은 플로리다 주 비스케인 만의 섬 11개를 거대한 핑크색 천으로 둘러싼 작품이다. 자연에서는 보기 어려운 핑크색을 섬에 입혀서 초현실적인 광경을 만들어냈다. '천으로 감은 베를린 국회의사당Wrapped Reichstag'은 베를린 국회의사당을 흰 천으로 뒤덮은 작품이다. 건물을 흰 천으로 덮으니 색다른 프로파일이 만들어지면서 그 내부와 외부가 이벤트성 공간으로 변모하였다. 이 거대한 설치미술품 하나를 만들기 위해 크리스토와 쟌 클로드 부부는 오랜 기간 독일 의회를 설득해야 했고, 그들의 끈질긴 노력과 대중에게 다가가려는 독일 의회의 태도 변화가 합쳐져 기존의 틀을 낯설게 하는 독특한 작품이 탄생하였다. 2005년에는 뉴욕 센트럴파크에 주황색 천을 매단 '더 게이츠The Gates'라는 작품을 전시하였다. 1979년에 아이디어를 내서 많은 준비 끝에 26년이 지난 후에야 완성한 작품이었다. 뉴욕 시민들은 완전히 달라진 도시 모습에 놀랐고 천진난만한 아이처럼 기뻐하고 즐거워했다. 따뜻한 주황색과 추운 겨울이 대조되어 따뜻함과 활기를 느낄 수 있는 작품이었다. 이렇게 상상을 초월하는 식으로 기존의 도시 경관이 변화하며 랜드마크가 만들어진다.

크리스토와 쟌 클로드 부부의
작품은 대자연이나 공공건축
물을 천으로 뒤덮어 기존의 틀
을 깨고 변화를 만들어내 이벤
트성 랜드마크가 된다.

설치건축(Installation Architecture)

랜드아트나 설치미술은 예술의 순수성을 유지하는 데 의미가 있지만, 건축의 영역에서는 쓰임새가 없는 구조물은 의미가 충분치 않다. 설치미술가가 건축가와 협업하여 건축 작품을 발표하는 경우도 종종 있지만, 그들의 작업은 용도의 의미에 대해서는 진지한 대답을 내놓지 못한 채 피상적으로 끝나는 경우가 많다. 건축가의 작품 중 설치미술과 같이 접근한 경우는 베르나르 추미(Bernard Tschumi)가 설계한 라 빌레트 공원La Parc de la Villette의 빨간색으로 칠해진 폴리[1]가 대표적이다. 폴리는 건물처럼 보이지만 안으로 들어갈 수 없는 구조로, 궁금증을 유발하는 조각과 같다.

　　본격적으로 건축의 용도에 대해 고민한 건축가 렘 콜하스[2]의 작품 '프라다 트랜스포머Prada Transformer'는 설치미술 같으면서도 건축의 쓰임새, 즉 기능을 내재하고 있다. 프라다 브랜드는 그들의 지점을 건

—— 1

프랑스 전통 정원에서 만남의 장소로 활용되던 건축물이다.

—— 2

네덜란드 출신의 건축 거장 렘 콜하스는 현재 도시건축에서 세계 최고의 영향력을 지닌 건축가로 일컬어진다. 현재 네덜란드 로테르담에 위치한 설계 사무소 OMA(Office for Metropolitan Architecture)의 소장으로 활동 중이며 하버드대학교 디자인 대학원의 교수로도 재직 중이다.

라 빌레트 공원의 폴리
공원에 역동성을 불어넣는 붉은색 폴리는 라 빌레트 공원의 랜드마크로 손꼽힌다.

© PRADA

프라다 트랜스포머
회오리에서 모티브를 얻은 프라다 트랜스포머는 변화 가능한 파빌리온으로 건축 고유의 안정성에 의문을 던졌다.

———— 3
박람회 등의 전시관이나 국가, 지방 또는 개인이 독자적으로 사용하는 일시적이고 이동 가능한 특설 가건물을 말한다.

축할 때, 건축가에게 작품을 의뢰하여 건축에 적극적으로 개입하고 의상디자인과 전시디자인, 공간디자인을 통합하려 한다. 이 과정에서 새로운 관점을 얻고자 패션계 외부에서 협력 상대를 발굴하고 건축과 미술, 영화, 뉴미디어와 같은 다양한 분야와 통섭한다. 그중에서도 렘 콜하스와의 협력은 지속되었다.

렘 콜하스는 '회오리'에서 모티브를 얻어 파빌리온[3] 타입으로 변화 가능한 구조의 설치미술을 세우고 '프라다 트랜스포머'라 이름 붙였다. 이 작품은 건축 고유의 안정성에 대해 의문을 던졌다. '건축은 움직이지 않는다'라는 고정 관념과 '예술과 문화는 변화하고 진화한다'라는 의미 사이를 오가는 작품이다.

트랜스포머라는 이름에서도 알 수 있듯이 건물은 같은 장소에서 네 가지 새로운 모습으로 변신한다. 네 가지 공개 행사를 위해 디자인

패션 행사   영화 상영   예술 전시   특별 행사

한 이 건축물의 기본 형태는 사면체로 이루어져 있으며, 각 면의 형태는 패션Fashion 행사를 위한 육각형, 영화Film 상영을 위한 사각형, 예술Art 행사를 위한 십자가, 그리고 특별 행사Special Event를 위한 원형이다. 한 행사가 끝나면 기중기로 사면체 건축물을 들어 뒤집는다. 뒤집어 놓을 때마다 한 행사에서 천장으로 쓰였던 부분이 다음 행사의 바닥이 되고, 또 그다음 행사의 벽이 된다.

    렘 콜하스는 사회의 변화 속도를 따라가지 못하는 '변함없이 느린 건축'을 꾸준히 비판해왔다. 그는 프라다 트랜스포머가 '동적인 유기체'로서 하나의 대안이라 한다. 트랜스포머는 2009년 서울 경희궁 앞뜰에 자리를 잡아 고궁의 느림과 트랜스포머의 빠름 사이의 대비를 만들었다. 또한 최첨단 기술과 전통문화, 현대미술과 연예 및 영화 산업, 뛰어난 디자인과 건축 그리고 앞선 트렌드의 패션을 융합하는 틀로서 작용하였다. 렘 콜하스의 프라다 트랜스포머는 설치건축 작품으로서 랜드마크가 더 이상 '고정된 오브제가 아닌 움직이며 기능하는 건축'이란 개념적 영역의 지평을 열었다.

프라다 트랜스포머의 다이어그램
트랜스포머라는 이름에 걸맞게 건물은 목적에 따라 회전하며 같은 장소에서 네 가지 다른 모습으로 변한다.

움직이며 기능하는 건축은 임시 구조물에서 발전한 개념이다. 임시 구조이자 랜드마크인 건축은 현재 엑스포Expo라 불리는 세계박람회World's Fair에서부터 시작하였다. 세계박람회는 산업혁명 이후인 1851년 영국에서 시작되어, 세계적으로 새롭고 진기한 상품을 전시하고 구경하는 행사로 각광받았다. 알타미라 동굴벽화의 발견과 큐브 퍼즐도 세계박람회를 통해 발표되었다. 에펠탑도 처음에는 파리에서 열린 세계박람회를 기념하는 일시적 구조물이었다. 이처럼 세계박람회는 영속적이지는 않지만 개최하는 장소에 일시적 랜드마크를 형성한다.

19세기 말에 이르러 세계박람회는 문화적·오락적 형태를 띠게 되었다. 1876년 필라델피아 세계박람회부터 1889년 에펠탑이 지어진 파리 세계박람회에 이르기까지 박람회는 오락뿐 아니라 문화적 계몽, 상업적 기회를 제공하였고 세계 도처에서 온 많은 사람이 참관하였다.

세계박람회는 대략 세 시대, '산업화의 시대', '문화 교류의 시대' 그리고 '국가 브랜드 관리의 시대'로 구분된다. 1800년대에서 대략 1950년까지는 산업화의 시대로 기술적 혁신을 보여주는 전시가 주요했다. 1950년에서 1991년까지는 문화적 테마를 부각하며 미래 지향적이고 이상적인 주제를 담아냈다. 그리고 1992년 세비야 세계박람회 이래로 세계박람회는 국가 이미지를 브랜드화하여 강한 인상을 심는 데 주력하고 있다. 강력한 국가 이미지가 주된 자산이므로 전시관은 광고물이 되고 건축은 국가 브랜드를 창조하는 도구로 사용되었다. 전시 내용보다는 강력한 이미지를 전달하기 위한 다양한 구축물이 지어졌다.

© dalhea

05

06

05
하노버 세계박람회 일본관
하노버 세계박람회 일본관은
시게루 반의 작품으로, 분해
후 재활용이 가능한 건물을 목
표로 하였다.

06
**하노버 세계박람회
네덜란드관**
하노버 세계박람회 네덜란드
관은 MVRDV의 작품으로, 여
러 겹의 대지를 한 건물 안에
만들어 수평적인 대지 확장이
아닌 수직적인 땅 만들기를 시
도하였으며, 이는 네덜란드의
특성과도 잘 맞아 떨어진다.

© KimonBerlin

© Jens Schott Knudsen

현재 세계박람회의 전시관 건축가들은 자신의 창조적 디자인을 자유롭게 펼치며 건축과 예술의 경계를 모호하게 한다. 2010년에 열린 상하이 세계박람회에서 선보인 영국의 창의관은 마치 설치미술 작품 같다. 6만 개의 아크릴 촉수가 낮에는 광 섬유처럼 외부의 빛을 전달하여 내부를 밝히고, 밤이 되면 내부 조명을 밖으로 반사시켜 건물 전체가 빛나게 한다. 건축 자체가 하나의 설치미술 역할을 하여 이벤트적인 경험을 유발한다. 2012년에 열린 여수 세계박람회 때 지어진 현대관은 움직이는 벽과 미디어적인 표현을 통해 건축과 영상의 경계를 허물어 행위예술 같은 퍼포먼스를 만들었다. 이처럼 오늘날의 전시관들은 세계박람회의 주제와 개최 장소에 맞게 이벤트를 벌여 스스로를 랜드마크적 공간으로 만든다.

07
**상하이 세계박람회
영국창의관**
6만 개의 아크릴 촉수 막대기 한쪽 끝에 각기 다른 종자의 씨앗이 들어 있어 '씨앗 대성당(Seed Cathedral)'이란 이름이 붙었다. 씨앗은 자연의 다양성과 생명의 잠재력을 표현한 것이다.

08
상하이 세계박람회 스웨덴관
모양과 크기가 다른 구멍 뚫린 철판들이 스웨덴관의 외벽을 덮고 있다. 가까이에서 보면 특별할 것 없지만 멀리 떨어져서 보면 스톡홀름의 지도를 볼 수 있다.

일시성의 역사화, 서펜타인 갤러리

런던 하이드 파크Hyde Park의 켄징턴 가든Kensington Garden 내에 위치한 켄징턴 궁전Kensington Palace은 빅토리아 여왕이 태어난 곳이며 찰스 황태자와 다이애나 비가 살았던 곳이다. 이 지역은 런던 내에서도 가장 부촌으로 손꼽히는 사우스 켄징턴 지역과 맞닿아 있어 화려한 고건축이 즐비하다. 각종 미술관, 박물관, 헤롯 백화점, 명품거리 등이 들어서 있으며 임페리얼 컬리지와 왕립음악원도 이 지역에 자리 잡고 있다.

서펜타인 갤러리Serpentine Gallery는 켄징턴 가든과 사우스 켄징턴이 맞닿은 곳에 자리 잡고 있다. 사우스 뱅크의 헤이워드 갤러리Hayward Gallery, 이스트 런던의 화이트채플 갤러리Whitechapel Gallery와 함께 현대

영국의 헤이워드 갤러리와
화이트채플 갤러리

미술 트렌드를 이끌어가는 영국 최고의 갤러리로 손꼽히는 이곳은, 카페를 개조하여 만든 소규모 갤러리인데도 해마다 약 100만 명 이상의 관람객이 찾을 정도로 붐빈다. 2000년부터는 매해 7월에서 10월 사이에 외국 건축가들이 지은 파빌리온을 전시했으며, 이 기간에 파빌리온과 이벤트를 보기 위하여 약 25만 명의 관람객이 방문한다.

서펜타인 갤러리는 1992년 〈Like Nothing Else in Tennessee〉란 그룹전시에 참가한 댄 그레이엄(Dan Graham)의 유리로 된 미술품을 갤러리 잔디밭에 설치하였다. 이 작품을 시작으로 서펜타인 갤러리는 건축에 관심을 갖기 시작했다. 1996년에는 갤러리 보수 공사로 휴관하기 바로 직전 설치미술 전시를 맡은 리처드 윌슨(Richard Wilson)이 5명의 예술가와 'Inside - Out'이라는 설치미술 프로젝트를 기획하여 갤러리 앞 잔디밭에 설치하였고, 1997년 카와마타 타다시(川俣正)는 문과 창문 들을 구조적 요소 없이 쌓아 갤러리의 형상을 띠게 한 작품 'Relocation'을 설치하였다.

갤러리 디렉터인 줄리아 페이튼 존스(Julia Peyton-Jones)는 갤러리를 보수하는 과정에서 건축가들과 처음으로 작업했고, 이들에게서 예술가들과는 다른 방식의 창조적인 느낌을 받았다고 한다. 보수 작업에서 영국 건축가 세쓰 스타인(Seth Stein)는 개관 행사에 올 사람들을 위해 적은 예산으로 매우 효과적인 캐노피를 고안해 깊은 인상을 남겼다. 또한 1999년 여름 파티에서 디자이너 론 아라드(Ron Arad)도 탁구공으로 캐노피를 만들고 탁구대도 설치했다. 아라드의 작업은 줄리아 페이튼 존스에게 큰 감명을 주었고, 이후 서펜타인 갤러리는 파빌리온 위원회를 만들어 2000년 자하 하디드의 파빌리온을 시작으로 매해 다른 외국 건축가를 초빙하여 파빌리온을 설치해왔다.

공유의 장이 되다

서펜타인 갤러리 파빌리온 위원회는 매년 갤러리의 이미지에 부합하는 건축가를 경합 없이 선정하여 파빌리온 디자인을 의뢰한다. 위원회에는 되도록이면 영국에 건물을 지어보지 않은 외국 건축가나 디자이너를 선정한다는 원칙이 있다. 그 이유는 다음 일화에 담겨 있다.

줄리아 페이튼 존스가 파빌리온을 짓기 전에 일반인들에게 "프랭크 게리[4]를 알고 있고 그의 건축을 본 적이 있는가"라고 물은 적이 있다. 대부분의 런던 시민은 프랭크 게리와 그의 작품을 알고 있으나 비행기 값까지 내가며 그의 작품을 보러 미국에 갈 여유가 없다고 답하였다. 그래서 줄리아 페이튼 존스는 세계적으로 유명한 건축 작품을 설계한 건축가에게 파빌리온 디자인을 의뢰하여 서펜타인 갤러리 앞뜰에 전시하기로 하였던 것이다.

현실 조건에 의해 초기 아이디어가 수정될 수밖에 없는 건축설계와 달리 초기 디자인을 그대로 살릴 수 있는 파빌리온은 의뢰받은 건축가가 자신의 구축 세계를 마음껏 펼칠 수 있다. 파빌리온은 매년 3개월의 공사기간을 거쳐 최대 6개월 동안 갤러리 앞뜰에서 전시된다.

건축가 리처드 로저스는 "서펜타인 파빌리온은 비교적 적은 비용을 투자하는데도 믿어지지 않을 만큼 훌륭하다. 지금까지 지어졌던 것 중에서 가장 좋아하는 하나를 꼽기가 어려울 정도로 모두가 다 걸작이었다"라고 평가하였다. 《아트 뉴스페이퍼The Art Newpaper》의 연례조사에 따르면 서펜타인 파빌리온은 꼭 다녀와야 할 세계 건축 디자인 행사 5위 안에 매년 포함된다. 서펜타인 파빌리온은 건축에 대한 미술관의 장기 계획과 런던 시민의 관심이 합쳐져 이만큼 성공할 수 있었다.

파빌리온은 전시 후 독지가들이 구매하여 다른 장소로 옮긴다. 1851년 런던 세계박람회를 위해 지은 크리스털 팰리스가 박람회 이

—— 4

캐나다 출신의 미국 건축가 프랭크 게리는 자유롭고 개방적이며 파격적인 건축 성향으로 유명하다. 1989년 건축학계 최고의 영예로운 상인 프리츠커상을 수상하였고, 1993년 베네치아 건축 비엔날레에서 미국의 대표적 건축가로 선정되었다.

프랭크 게리의 서펜타인 파빌리온, 2008
프랭크 게리의 파빌리온은 그 동안 선보였던 여타의 파빌리온과는 다르게 완전한 개방형 공간 형태를 취한다.

후 해체되어 다른 도시의 공원으로 이전되었던 것처럼, 영국에서 집의 해체와 이전은 오래된 얘기이다. 2012년에 헤르조그와 드 뮤론, 그리고 아이웨이웨이(艾未未)가 설계한 파빌리온은 철강왕 락시미 미탈(Lakshmi Mittal)이 구입하여 그의 사유지로 이전하였다. 도요 이토(伊東豊雄)와 세실 발몽드(Cecil Balmond)의 2002년작 파빌리온은 현재 생

공유의 장이 되다

트로페Saint Tropez 해변으로 옮겨 클럽으로 사용하고 있다. 프로방스 라코스테 성곽의 포도 농장에는 프랭크 게리의 2008년 파빌리온이 자리 잡고 있고, 다니엘 리베스킨트의 18번 꺾인 철재 파빌리온은 유럽의 문화 행사에서 한 번 쓰이고 사라졌다. 가장 슬픈 이야기는 과거의 영광이 유령처럼 사라진 하디드의 파빌리온이다. 회색의 천으로 뒤덮였던 이 파빌리온은 하루 대관비가 950파운드인 킹스포드kingsford의 결혼식장 리셉션으로 쓰이고 있다.

독지가들이 구매한 파빌리온은 건축의 본래 용도에 맞게 쓰여지지 않고 있다. 서펜타인 갤러리 재단 이사장인 팔롬보(Peter Palumbo)와 같은 건축 전문가에게 파빌리온을 파는 것이 옳았을 것 같다. 건축을 잘 보존하지 못하는 이들이 서펜타인 파빌리온을 구매하면서 원래의 건축개념을 상실하고 우스꽝스러운 모습으로 남는다. 예를 들어 영국 내의 건축협회에서 경매에 맡기거나 장래가 촉망되는 건축가들이 교육 목적으로 사용하게 하는 등의 대안을 생각해볼 필요가 있다.

헤르조그와 드 뮤론, 그리고 아이웨이웨이의 2012년 파빌리온을 구매한 인도 출신의 락시미 미탈은 믿을 수 없는 자금력을 토대로 영국에 많은 영향을 끼치는 사람이다. 그는 영국 내 다양한 문화에 손을 뻗치고 있으며 거대 자본으로 파빌리온 외에도 런던의 축구팀을 인수하여 전 세계에서 수많은 선수를 영입하고 있다. 물론 그 축구팀의 성적은 높아지겠지만 이런 행동을 비판하는 사람들도 적지 않다. 친정팀의 유스로 자라나 그 지역 팬들에게 사랑받는 선수로 활동하는 것이 아니라 어느 곳 출신이든지 능력만 좋으면 무턱대고 영입하는 방식은 지역 팬들의 반발을 사고 있다.

현대 스포츠 및 예술과 같은 장소성이 중요하지 않은 영역에서는

장 누벨의 서펜타인 파빌리온,
2010

경쟁력 있는 대상이 장소불문하고 거래되고 있다. 프로 축구선수와 파빌리온이 하나의 상품으로 인식되고 있는 것이 문제이다. 파빌리온이 서펜타인 갤러리에서 다수의 익명을 위해 기능할 때와, 사유물이 되어 기능할 때 다른 점은 무엇일까? 같이 나눈다는 공유의 의미가 사라지고 더불어 서펜타인 갤러리의 창의적인 전시기획의 의미가 사라진다. 초소형 랜드마크의 이동성도 중요하지만, 본래의 창작 의도와 사용 목적을 유지하여 랜드마크로서의 속성은 보장해야 할 것이다.

이벤트성 랜드마크

현대사회에서 랜드마크적 공간이란 단순히 상징성만을 띠는 공간이 아니라 일상생활에서 색다른 변화와 자극을 주는 유희적 공간일 수 있다. 현대사회를 이벤터블 사회Eventable Society라고 할 정도로 많은 분야에서 이벤트가 끊이지 않는다. 이벤트는 이제 어느 곳에서나 쉽게 만날 수 있는 사건이며, 다양한 계층과 다양한 규모 등으로 구성되고 있다.

동네의 공공 공간에서 이벤트를 만들어내는 새로운 랜드마크의 예로 들 수 있는 것은 바로 펀페어Funfair이다. 트럭 같은 큰 차를 놀이기구로 변화시킨 펀페어는 빈 공원이나 축제가 일어나는 곳에 일시적인 놀이기구를 설치하여 오락적인 기능을 제공한다. 미국 영화에서 십대들의 데이트 장소로도 종종 등장하곤 한다. 펀페어는 마치 예전 곡마단의 텐트나 시골의 장날처럼 일시적으로 머물러 동네에 유희를 주며 가변적인 랜드마크로 작용한다.

　　이처럼 과거에 랜드마크가 추구하던 기념비적인 성격을 버리고 현대사회에서 원하는 이벤트적이고 오락과 체험을 중요시하는 랜드마크들이 새로 생겨나고 있다. 기존의 예술이나 건축과는 거리가 있지만 펀페어는 기존의 대지에 새로운 장소성을 부여하면서 사람들의 행위를 유발한다.

　　2009년 광화문 앞 세종로 광장에 설치된 스노보드대는 스노보드 빅에어Big Air 월드컵 경기를 유치하기 위한 것으로, 서울의 브랜드 파워를 높이기 위한 스포츠 유치 행사였다. 도심 속에 생긴 스노보드대는 사람들의 시선을 사로잡고 새로운 이벤트에 대한 호기심을 자극하는 거대한 스케일을 지녔다. 눈 덮인 거대한 슬로프에서 진행되는 보드 대회는 슬로프가 있을 것 같지 않은 장소에 위치하여 생경한 느낌을 주었다. 현재 그 자리는 또 다른 새로운 구조물이 설치될 수 있다는 잠재적인 공간성을 안고 있다.

사람들은 이제 제한적인 공간 안에서 보는 것만을 원하지 않는다. 자발적이고 능동적으로 행동하고자 하며 스스로 주체가 되길 원한다. 이 과정을 통해 자기를 표현하고 각자의 개성을 드러낸다. 독일의 철학자 가다머(Hans-Georg Gadamer, 1900~2002)는 다음과 같이 말했다.

> 놀이하는 자는 유희의 과정을 통해 자기 표현에 도달한다. 놀이는 예술이며, 작품 속에서의 변화를 통하여 비로소 놀이는 그 이상의 것을 얻는다. 자기 표현이야말로 놀이의 진정한 본질이며, 예술 작품의 본질이다.

현대 산업이 대부분의 직업을 즐거움, 놀이로부터 분리하고 판에 박힌 일로 전락시켰기 때문에 '유희'는 우리 사회 속에서 더욱 중요해졌다. 사람들은 일을 하며 느낄 수 없는 즐거움을 유희에서 추구하게 되었고, 이를 통해 개인의 정체성과 사회성까지 찾게 되었다.

이벤트성 랜드마크는 이러한 유희적 체험 공간을 만든다. 예술, 건축과 상업성의 영역 구분이 모호해진 현대사회에서 이벤트성 랜드마크는 도시의 공공영역을 일시적으로 점유한다. 순수 예술과 건축 분야에서 다양한 시도 또한 이루어진다.

광주에서는 2011년 광주디자인비엔날레의 일환으로 시작한 광주폴리 프로젝트에 세계의 예술가와 건축가 들이 참여하여 이벤트성 랜드마크를 만들고 있다. 폴리라는 이름 자체는 본래의 기능을 잃고 장식적 역할을 하는 건축물을 뜻하지만, 광주폴리는 쇠퇴한 도심을 재생할 목적으로 설치되는 장치이다. 예술의 영역에 설치예술Installation Art이 있듯이 건축의 영역에도 설치건축Installation Architecture이 있을 수 있으며, 대형 랜드마크 대신에 초소형 랜드마크가 있을 수 있다. 도시 외곽에 쇼핑몰과 베드타운이 형성되어 도시 공동화가 진행되는 현 시점에서 이런 작은 이벤트나 '게릴라적인' 창조물은 공동화된 공공영역의 공극을 메꾸면서 기존 도심의 창조적 행위를 유발하여 도시 재생을 이끌 것이다. 이벤트성 랜드마크의 유희성과 도시 공동화를 방지하며 의미 충만한 현상을 창출하는 윤리적 코드는 상생하여야 한다.

에
필
로
그

서울의 프로필

1990년 홍콩에 중국은행타워 (Bank of China Tower)가 건설되면서 아시아에서 가장 높은 빌딩이란 타이틀을 빼앗겼지만 여전히 서울을 대표하는 랜드마크이다.

N서울타워는 1980년 일반에 공개한 후 2,000만 명이 넘는 전망객이 다녀갔고, 2012년 서울시 설문조사에서 외국인이 선정한 서울의 명소 1위로 뽑혔다.

이 글의 시작에서 필자는 도시의 프로필을 만들기 위한 랜드마크 프로파일의 한국적 이미지 창조가 이 책을 쓰는 주목적이라 했다. 그래서 지금까지 다양한 해외 사례를 통해 랜드마크 디자인과 그에 대한 사회적 합의가 일어나는 과정을 소개하고, 도시 프로파일을 만드는 데 있어서 고려할 부분을 살폈다. 이제 시선을 돌려보자.

63빌딩[1]과 N서울타워[2]는 많은 사람이 서울의 상징적인 존재로 인식하고 있는 랜드마크이며, 외국인에게 서울을 소개할 때 빠지지 않는 관광명소이다. 두 랜드마크는 주변 건물에 비해 압도적인 높이를 뽐내며 서울의 스카이라인을 장식한다. N서울타워는 한국에 텔레비전 방송이 실용화되면서 1975년 전파 탑으로 건립되었다. 전파 탑은 대부분 대도시 중심부에 최저 150미터에서 최고 553미터에 이르는 높이로 세워지고 전망대 기능을 더해 관광지로 활용된다. N서울타워는 타워 높이 약 236미터에 타워가 세워진 남산의 높이 해발 243미터를 더하면 약 480미터가 된다. N서울타워 역시 전망대 기능을 추가하여 서울의 대표적 랜드마크이자 관광지로 자리매김하였다.

1980년에 착공하여 1985년 5월에 완공된 63빌딩은 지상 높이가 약 250미터에 달해 당시 아시아에서 가장 높은 빌딩이었다. 현재 계획 중인 것을 제외하면 우리나라에서는 세 번째로 높은 건물이지만 민간이 자유롭게 이용할 수 있는 건물 중에서는 여전히 최고 높이이다. 63빌딩은 1988년 서울올림픽 때 과거와 비교하여 강성해진 우리나라 국력을 상징적으로 나타내는 랜드마크 역할을 수행했다.

N서울타워는 진화하는 과학 기술력을, 63빌딩은 올림픽을 치르는 국력과 첨단 건축공법을 세계에 보여주려는 노력의 산물이었다. 각 건물이 지어진 배경과 목표는 다르지만 두 건물 모두 시대적 필요에 의해 만들어진 서울의 랜드마크이다.

　　최근 서울에는 다양한 목적의 높은 건물들이 지어져 각기 다른 입장을 가진 사람들로부터 다양한 평가를 받고 있다. 종로의 화신백화점 자리에는 국적 불명의 종로타워가 들어섰고, 한국은행 앞에는 역시 부담스러운 모습을 자랑하며 포스트타워가 지어졌다. 강남 삼성동에 자리 잡은 현대산업개발 건물은 유리 커튼 월에 알 수 없는 기하학적 문양을 붙이고 서 있다. 세 건물 모두 높이와 독특한 외관으로 택시기사에게 좋은 인지성을 준다. 물론 보행자에게도 그렇다.

　　개개 건물이 특이한 모습을 하고 있을 때는 나름 개성으로 보아줄 수 있다. 하지만 이들 고층 건물이 큰길 앞에 떡 버티고 서서 뒤에 있는 산을 가리거나, 요즘 재개발된 아파트처럼 군집하여 단지 내부로의 시선을 완전히 차단하며 철옹성 같은 모습으로 주변의 작은 건물들과 대조를 이룰 때는 정말 곤혹스럽다.

　　서울의 프로파일이 지닌 특징은 이곳에 이미 익숙해져버린 우리 자신보다 외국에서 온 사람들에게 정확히 인지되곤 한다. 최근에 서울을 방문한 한 외국 건축가는 불연속적인 서울의 모뉴먼트들이 아쉽다고 했다. 서울은 산과 강 그리고 언덕이 돋보이는 지형이라 연결된 모뉴먼트가 필요한데, 서울시 신청사와 동대문디자인공원 등은 정치인들이 만들어놓은 연결되지 않는 모뉴먼트 같다는 것이다.

　　서울의 프로파일이 지닌 불연속의 문제는 도시 경관에 관한 문

(위에서부터)
**종로타워, 포스트타워,
현대산업개발**

화적 인식이 부족한 풍토에서 비롯된 결과이다. 도시의 프로파일은 종종 불연속적이다. 이때 중요한 것은 높은 건물들이 불연속에서 익명적으로 남고자 하는 경우에는 자신을 드러내지 않으며 주위 환경에 보탬이 되는 프로파일을 지녀야 한다는 점이다. 그리고 건물 자체가 상징성을 띠는 경우에는 우리나라 상황에 걸맞은 보편 타당한 의미와 형태를 담아 창조적으로 변형해야 한다. 종종 외국 건축가들에게 초고층 건물이나 의미 있는 건물의 설계를 맡기는데, 우리의 문화적 상황에 어울리지 않는 건물의 프로파일을 디자인하여 생경하고 불연속적인 도시 경관을 만들어내곤 한다.

도시를 위압하는 고층 건물

우리 도시들은 1970~80년대의 개발 정책에 의해 현재의 프로파일을 가지게 되었다. 급격한 도시화는 고층 건물 건립에 따른 도시 경관의 파괴뿐 아니라 시각적 환경의 황폐화를 낳았다. 새로운 도시 프로파일을 형성하려면 기존 프로파일에 대한 수정을 동반해야 한다. 가장 우선적인 문제는 기존의 대형 건물이 만드는 환경적 위압감 Environmental Oppression이다. 대형 건축물이 많이 들어서면서 사람들은 도시 환경에서 위압감을 느끼고 있다. 환경적 위압감이란 건축물, 구축물 등과 마주 섰을 때 건축물의 외벽면 등 크기에서 받는 시각적 불편을 말하며, 마주 선 이에게 '다가온다', '덮는다'라는 느낌을 준다.

환경적 위압감에 의한 피해 사례가 아직까지 사건화된 적은 없

고층 건물의 위압감 형성 사례
우리는 당장이라도 덮칠 듯한 건축물의 위압감 속에 하루하루 살아간다.

지만 일조장해Daylight Obstruction는 사건화된 경우가 많다. 다음에 제시한 사진은 지금은 좌초된 용산업무지구 개발이 끝났을 때를 가정하고 일조장해 시뮬레이션을 해본 결과이다. 사진에서 빨간색으로 칠해진 부분은 17개의 마천루에 가려 거의 영구음영지역으로 나왔다. 만약에 용산 개발이 계획대로 성사되었다면, 개발 예정지 북쪽의 기존 주거 지역과 학교 등은 영구음영으로 직사광선을 받지 못할 뻔하였다.

　햇빛을 막는 것도 문제지만 빛이 과다해서 발생하는 문제도 있다. 최근에 문제가 되는 현상은 반사율이 높은 재료 때문에 일어나는 눈부심이다. 눈부심 현상은 건물 내부 사용자뿐 아니라 보행자, 차량 운행자, 주변 건물 거주자에까지 영향을 미쳐 눈부심 피해와 함께 대

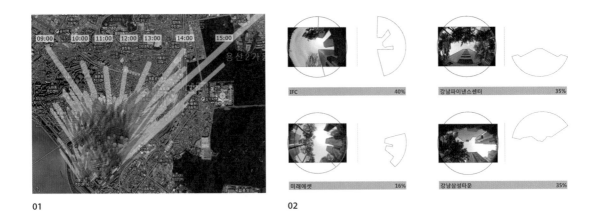

01

02

형 건축물에 대한 거부감을 불러일으킨다. 최근에는 외관을 통유리로 마감한 N사 사옥이 인근 아파트에 눈부심으로 피해를 입혀 아파트 주민들이 집단으로 고소해 배상받은 사례도 있다. 부산의 I 아파트가 야기한 눈부심 현상은 바다에까지 영향을 미쳐 해양생태계에도 적잖은 변화가 일어날 것으로 보인다.

새로 짓는 고층 건물이 어떤 프로파일을 가지느냐도 중요하지만 이와 동시에 기존 고층 건물이 위와 같은 문제를 야기하는 것에 대한 점검도 필요하다. 먼저 환경적 위압감을 파악하기 위해선 실지로 건물의 아래에서 하늘을 올려다보았을 때, 건축물에 의해 하늘이 가려지는 비율을 측정해보면 된다. 서울의 고층 건물 앞에서 어안 렌즈로 사진을 찍어보면 위의 그림처럼 건물이 하늘을 가리는 것을 명확히 알 수 있다. 위압감이 심한 경우는 40퍼센트까지 하늘을 가리기도 한다.

보행자가 느끼는 위압감은 저층의 높이 15미터, 즉 3층 정도의 높이 부분이 얼마나 가려져 있는가에도 영향을 받는다. 경복궁 동쪽

03

의 동십자각(東十字閣)은 눈에 띠는 전각이다. 그러나 위의 사진처럼
일본 문화원 앞길에서 바라보면 동십자각이 있는지도 알 수 없다. 만
약에 시선을 가로막는 건물의 15미터 이하 부분을 필로티pilotis**3**로 만
들어 개방감 있게 만든다면 동십자각도 볼 수 있고 멀리 있는 경복궁
과 인왕산도 볼 수 있다. 국내의 중견 건축가가 설계한 이 건물은 전통
과 현대의 대조라는 설계개념을 가지고 있다고 하지만 전통문화재 옆
에서 위압감을 더하고 저층부 입면이 시선을 가로막아 보행자에게 답
답함을 줄 뿐이다.

———— **3**
기둥. 열주와 같이 건축물을
받치는 것. 오늘날에는 이층
이상의 건물에서 일층에 기둥
만을 세운 공간을 가리킨다.

04

위의 경우를 보면 위압감 완화를 위하여 건물의 프로파일과 더불어 볼륨massing과 표면surfacing의 3가지 요소를 개선할 필요가 있다. 고층건물을 설계할 때 프로파일, 볼륨, 표면에 따른 위압감 유발 요소를 고려하여 위압감 완화할 수 있도록 건물의 입면을 디자인하여야 한다.

마지막으로 도시 프로파일의 형성을 위하여 제일 중요한 것은 거리에서 시선의 개방감이다. 서울의 경우 주요 산과 랜드마크를 향한 경관축View Axis을 설정하여 시선의 개방감을 형성해야 한다. 앞서 소개했듯 런던은 세인트 폴 대성당과 웨스트민스터 궁전을 향한 주요 경관축을 설정하고 이를 보호하기 위해 건물의 높이를 규제하는 등 조치를 취해 시선의 개방감을 확보하면서 자연 환경과 어우러지는 런던의 랜드마크를 만들었다. 우리는 어떤가. 좌초된 용산개발의 경우 여의도에서 남산을 향한 경관축은 개방적으로 만들었으나, 가로변을 향해서는 폐쇄적인 철옹성을 만들어 빽빽한 마천루로 시선을 가로막았다. 도시 경관이 우리에게 얼마나 먼 나라 이야기인지를 단적으로 보여주는 사례이다.

많은 재개발 아파트의 경우 인동간격(隣棟間隔) 확보라는 명분 아

05

래 대지에서 동간 최대거리를 만들기 위해 45도로 동의 방향을 돌려서 단지를 설계하고 있다. 그 결과 재개발단지 옆을 걸어가거나 운전해서 갈 때 철옹성이 주는 위압감을 느끼게 된다. 색과 재료, 다양한 입면으로 문제를 극복하려고 하지만 이는 미관 개선에 지나지 않는다. 필요한 것은 획일적인 평형 배치를 지양하여 내적으로는 소셜믹스Social Mix를 추구하고 외적으로는 프로파일 변화를 통해 시선 개방성을 증대하는 것이다.

현대의 고층 건물들은 사유재산이 대부분이어서 랜드마크가 되는 것이 바람직하지 않다. 위압감을 주지 않아야 하며, 저층부에서는 입면이 길지 않고 개방적이어야 한다. '영산'은 될 수 없으니 사회적 불평등은 만들지 말자는 얘기다. 고층 건물의 숲에서 문화재, 작은 공공건물, 도서관, 미술관, 공공미술품, 설치건축물 등은 '공유의 장'으로서 쉽게 눈에 띄어야 한다. 그리고 고층 건물로 인해 불연속이 된 산하와 도시에서 시각적 연결 고리를 만들어낼 랜드마크의 유형은 끝없이 개발되어야 한다.

04
용산 국제업무지구 조망축

05
아파트가 만든 도시의 벽

의미 충만한 현상을 만들어내는 랜드마크 프로파일

우리는 이 책에서 랜드마크의 이미지와 그 주변 상황에 초점을 맞추고 현대사회에서 만들 수 있는 랜드마크의 가능성을 탐구하였다. 사실 가장 중요한 것은 현재와 미래에 벌어질 도시에서의 삶에 관한 담론이다.

그럼 공유의 장에서는 어떤 삶이 펼쳐져야 하는가? 중국의 건축가 왕수(王澍)는 급속한 도시화의 대안으로 자연을 바라보는 삶을 제시하고, 일본의 후지모리 테루노부는 소생을 주제로 자연의 횡포에 자연적으로 대처하는 삶을 표현한다. 승효상 선생은 '빈자의 미학' 이후 '터무늬'를 주제어로 개발 마인드를 비판하며 땅과 터의 역사적 연속성을 이어갈 수 있는 현대인의 삶을 주문한다.

세 주장은 일견 다르지만 공통적으로 자연과 역사의 장소에서 대안적인 삶의 문화를 만들고자 하는 메시지를 담고 있다. 프로파일을 통하여 삶의 모습의 배경을 일반화하는 담론은 위험한 방법일 수 있지만 세계적으로 나타나는 현대 건조환경의 현상을 논할 수 있는 단초이다. 프로파일은 도시의 공유의 장에서 '의미 충만한 현상'을 이끄는 건조환경의 모습을 평가하는 기준이 될 것이다.

우리는 현재 매스컴에서 새로운 건설 사업에 대한 낙관적인 데이터들을 접하지만, 또한 많은 경우 성과를 달성하지 못하는 것을 보고 낙담하곤 한다. 사실 랜드마크와 도시의 성공 여부는 단기간의 방문 수치로 판별할 수 없다. 그보다는 랜드마크 주위에서 시민들이 한 번이라도 공유의 장을 체험했는지가 중요하다. 오직 의미 충만한 현상이 일어났을 때, 그곳은 공유의 장이 되고 비로소 진정한 랜드마크라고 할 수 있다.

랜드마크 프로파일은 시민의 열망을 담고 행위를 이끌어내기 위한 물리적인 형태이다. 근대의 랜드마크가 행위의 잠재성보다는 열망을 담은 이미지의 결정체였다면, 현대의 랜드마크는 의미 충만한 현상들을 유발할 수 있는 프로파일을 지녀야 한다. 랜드마크 건물보다는 그것이 아우라를 내뿜는 주변의 도시 공간이 중요한 이유가 여기에 있다. 프로파일은 배우들의 훌륭한 연기를 끌어내고 돋보이게 하는 무대의 배경 같은 것이다. 그러려면 역설적으로 일상의 공간처럼 편안해야 한다. 많은 경우, 특히 건물의 저층이 대칭일 때 도시의 맥락보다는 건물 자체의 비례를 중요시하여 일상적 편리함은 외면한다. 일상적으로 편리한 건물은 건물의 저층이 다양한 입구와 기능에 의해 비대칭이듯이, 건물의 상부도 비대칭이면서 자연스러운 프로파일을 지닐 때 가장 아름답다.

랜드마크 건물 자체에 대한 관심과 더불어, 그 건물이 공공에 제공하는 공간과 행위를 중요하게 여겨야 한다. 사회적으로 의미 있는 행위의 창출에 관심을 두는 것이다. 그렇다면 건축가, 도시계획가 들이 할 수 있는 일은 이런 정치적, 사회적, 문화적 행위들이 잘 일어날 수 있도록 물리적인 환경, 즉 랜드마크와 그 주변을 만들어주는 것이다. 무언가를 열망하고 상징하는 대칭적인 프로파일보다는 비대칭적인 프로파일의 랜드마크에서 이러한 의미 충만한 현상이 자연스레 일어날 수 있다.

초소형 랜드마크 역시 작은 이벤트를 통하여 창조적인 공유의 장을 만들어내고 있다. 이러한 현대적 랜드마크는 주변 경관축이 확보되어야 시민들이 인지하여 공공성을 획득할 수 있다. 사방이 평등하게 개방된 랜드마크의 프로파일이 도시의 프로필을 이루도록 건축가는 노력해야 한다. 또한 이러한 랜드마크에서 풍부한 의미가 생성될 수 있도록 사회적 합의도 이루어져야 할 것이다.

참고문헌

자유의 여신상, 세계 7대 불가사의의 부활

· Betsy Maestro, The Story of the Statue of Liberty, HarperCollin, 1989.
· P. D. Smith, City: A Guidebook for the Urban Age, Bloomsbury Press, 2012.

파리 에펠탑, 낯선 신기술의 빛나는 보석

· Jill Jonnes, Eiffel's Tower: The Thrilling Story Behind Paris's Beloved Monument and the Extraordinary World's Fair That Introduced It, Penguin Books, 2010.
· Joseph Harriss, The Tallest Tower: Eiffel And The Belle Epoque, Unlimited Publishing LLC, 2008.

런던아이, 하이테크와 로우컬처의 상생

· Marks Barfield Architects, Eye: The Story Behind the London Eye, Black Dog Architecture, 2007.
· Kester Rattenbury, The Essential Eye: British Airways London Eye, Collins, 2002.
· Frances Morris, Tate Modern The Handbook, Tate, 2012.
· Gary Shove, Patrick Potter, Banksy.: You Are an Acceptable Level of Threat, Carpet Bombing Culture, 2012.

워싱턴 기념비, 국가적 상징과 일상의 여유

· Chris Post, "Review of Monument Wars: Washington, D.C., the National Mall, and the Transformation of the Memorial Landscape", Journal of Cultural Geography, 2011.
· 주학유, 「현대 기념건축에 대한 연구」, 중앙대학교 대학원 건축이론 및 설계전공 석사학위논문, 2013.

시드니 오페라하우스와 해양 낭만

· Ken Woolley, Reviewing the performance: Sydney Opera House, Watermark Press, 2010.
· Peter Murray, The Saga of Sydney opera House: The Dramatic Story of the Design and Construction of the Icon of Modern Australia, Routledge, 2003.
· Lisa Findley, "For Aurora Place, a mixed complex, Renzo Piano designed towers that sails above Sydney", Architectural Record Vol.189, 2001.

구겐하임 미술관, 건축을 담다

· Anton Gill, Art Lover: A Biography of Peggy Guggenheim, Harper Perennial, 2003.
· Robin Cembalest, Peter Lemos, "The Guggenheim's High-stakes Gamble", ARTnews, 1992.

토템 같은 마천루, 거킨 빌딩과 아그바 타워

· James S. Russell, "Agbar Tower", Architectural Record Vol.194, 2006.
· Rob Gregory, "Squaring the circle: 30 St. Mary Axe", Architectural Review Vol.215, 2004.
· Kenneth Powell, "Gherkin in the round: 30 St. Mary Axe: a tower for London", Blueprint Vol.1 Issue241, 2006.

상하이, 동서양의 하이브리드

· Marie-Claire Bergere, Shanghai: China's Gateway to
 Modernity, Stanford University Press, 2009.
· 장붕(张鹏), 『도시형태적 역사근기:상해공공조계시정발
 전여도시변천연구(都市形態的歷史根基:上海公共租界市
 政發展與都市變遷研究)』, 同濟大學出版社, 2008.
· 우강(伍江), 『상해백년건축사 1840-1949
 (上海百年建筑史 1840-1949)』, 同濟大學出版社, 2008.
· 강경공(姜庆共)
· 석문뢰(席闻雷), 『상해리롱문화지도: 석고문
 (上海里弄文化地图:石库门)』, 同濟大學出版社, 2012.

두바이, 탈석유정책의 허울

· Todd Reisz, "Making Dubai: A Process in Crisis",
 Architectural Design Vol.80 No.5, 2010.
· Oscar Eugenio. Daglio, Laura, New frontiers in
 architecture: Dubai between vision and reality,
 White Star, 2010.
· Yasser Elsheshtawy, "Navigating the Spectacle:
 Landscapes of Consumption in Dubai", Architectural
 Theory Review Vol.13 No.2, 2008.
· Walsh, K, "Emotion and migration: British
 transnationals in Dubai", Environment and planning
 Society & Space Vol.32 No.1, 2012.

라스베이거스, 일확천금에서 고급 건축까지

· Robert Venturi, Learning from Las Vegas, MIT Press,
 1972.

· Jeremy Rifkin, The European Dream: How Europe's
 Vision of the Future Is Quietly Eclipsing the
 American Dream, Tarcher, 2005.

싱가포르, 아시아의 라스베이거스를 꿈꾸다

· Sara Hart, "Marina Bay Sands", Architect Vol.100
 Issue 1, 2011.
· Donald Albrecht, Global Citizen: the Architecture of
 Moshe Safdie, Scala Arts Publishers Inc., 2007.
· Moshe Safdie. Paul Goldberger, Moshe Safdie
 (Millennium) Vol. 1, Images Publishing Dist Ac, 2009.

그라운드 제로, 정의로운 세계를 위한 상실의 기념비

· F. Paul Wilson, Ground Zero(Repairman Jack),
 Tor Books, 2010.
· Elizabeth Greenspan, Battle for Ground Zero:
 Inside the Political Struggle to Rebuild the World
 Trade Center, Palgrave Macmillan, 2013.
· Ted Loos, "Architect and 9/11 Memorial Both
 Evolved Over the Years", The New York Times,
 2011.9.1

일본, 대재앙 후의 소생

· 藤森照信, 『天下無双の建築学入門』, 筑摩書房, 2001.
· 藤森照信, 『藤森照信と路上観察 : 誰も知らない日本の
 建築と都市』, 第10回ヴェネチア・ビエンナーレ建築展,
 2006.
· 上田篤, 『五重塔はなぜ倒れないか』, 新潮社 1996.

· 김현섭, 「폐허와 소생의 환시(幻視) : 후지모리
테루노부(藤森照信)의 학부 졸업설계(1971)에 관한
연구」, 「大韓建築學會論文集 計劃系」 28권 제9호(통권
287호), 2012년 9월

교회, 순례와 관광 사이에서
· William J. R. Curtis, "Ronchamp underminded by
Renzo Piano's convent, France", Architectural
Review, 2012.
· Tim McKeough, "A Grand Opening for Renzo Piano's
Controversial Expansion at Ronchamp Chapel",
Architectural Record, 2011.
· David Cohn, "Gaudi's Sacred Monster: Sagrada
Familia, Barcelona, Catalonia", Architectural Review,
2012.
· Rainer Zerbst, Gaudi: The Complete Buildings,
Taschen, 2005

뉴욕의 하이라인 vs. 서울의 청계천, 재생과 철거의
갈림길
· Joshua David, Robert Hammond, HIGHLINE:
The Inside Story of New York City's Park in the Sky,
FSG Originals, 2011.
· Jan-Carlos Kucharek, "The constant gardener:
Piet Oudolf", RIBA journal Vol.117. 4, 2010.
· Robert Campbell, "A cut above [High Line, New York
City]", RIBA journal Vol.116. 7, 2009.
· Hugh Pearman, "First we take Manhattan [Diller
Scofidio + Renfro]", RIBA journal Vol.116. 4, 2009.
· Fernández-Galiano, "The High Line, New York",
Domus Issue 931, 2009.
· Hans Teerds, "Awakened infrastructure: The High
Line in New York", Detail(English ed.), 2009.

초소형 랜드마크, 21세기 랜드마크의 진화
· Philip Jodidio, Serpentine Gallery Pavilions, Taschen,
2011.
· Hayub Song, "A New Museum for New Forms
of Art : Focused on "Museum without Walls", and
the relationship between art and architecture",
Architectural Research vol. 13 no.1, 2011.
· MVRDV Firm, MVRDV, Distributed Art Pub Inc., 2007.
· Holger Liebs, "High Life", Frieze Issue 54 September-
october, 2000.

찾아보기 용어

기타

찾아보기 인명

랜드마크 ; 도시들 경쟁하다

수직에서 수평으로, 랜드마크의 탄생과 진화

1판 1쇄 펴냄 | 2014년 2월 25일
1판 4쇄 펴냄 | 2017년 4월 20일

지은이 송하엽
펴낸이 송영만
디자인 자문 최웅림

펴낸곳 효형출판
출판등록 1994년 9월 16일 제406-2003-031호
주소 413-756 경기도 파주시 회동길 125-11(파주출판도시)
전자우편 info@hyohyung.co.kr
홈페이지 www.hyohyung.co.kr
전화 031 955 7600 | **팩스** 031 955 7610

© 송하엽, 2014
ISBN 978-89-5872-125-3 03540

값 20,000원

이 도서의 국립중앙도서관 출판시도서목록(CIP)은 서지정보유통지원시스템 홈페이지
(http://seoji.nl.go.kr)와 국가자료공동목록시스템(http://www.nl.go.kr/kolisnet)에서
이용하실 수 있습니다.(CIP제어번호: CIP2014003170)